JACQUES TREINER

Un peu de science ça ne peut pas faire de mal

CASSINI

ISBN 978-2-84225-176-5

UN PEU DE SCIENCE ÇA NE PEUT PAS FAIRE DE MAL

Collection *Le Sel et le Fer*

1. L. Salem, F. Testard, C. Salem, *Les plus belles formules mathématiques*
2. S. Gindikin, *Histoires de mathématiciens et de physiciens*
3. P. Halmos, *Problèmes pour mathématiciens petits et grands*
4. Collectif, *Leçons de mathématiques d'aujourd'hui (vol. 1)*
5. J. Maynard Smith, *La construction du vivant*
6. C. Tudge, *Néandertaliens, bandits, fermiers*
7. P. Singer, *Une gauche darwinienne*
8. Ph. Depondt, *L'entropie et tout ça*
9. M. Daly, M. Wilson, *La vérité sur Cendrillon*
10. R. Wilkinson, *L'inégalité nuit gravement à la santé*
11. D. Deutsch, *L'étoffe de la réalité*
12. Collectif, *Leçons de mathématiques d'aujourd'hui (vol. 2)*
13. B. Randé, *Les carnets indiens de Srinivasa Ramanujan*
14. W. Poundstone, *Le dilemme du prisonnier*
15. R. Feynman, D. et J. Goodstein, *Le mouvement des planètes autour du Soleil*
16. Collectif, *Leçons de mathématiques d'aujourd'hui (vol. 3)*
17. O. Toeplitz, *Le développement de l'analyse mathématique*
18. N. Bacaër, *Histoires de mathématiques et de populations*
19. V. Alekseev, *Le théorème d'Abel : un cours d'Arnold*
20. A. Moatti (dir.), *Regards sur les textes fondateurs de la science (vol. 1)*
21. Collectif, *Leçons de mathématiques d'aujourd'hui (vol. 4)*
22. G. Gamow, *Un, deux, trois... l'infini*
23. J. Treiner, *Un peu de science, ça ne peut pas faire de mal*
24. C. Shannon, *Théorie mathématique de la communication*

Hors collection

Oulipo, *Paris-Math*

Table des matières

*L'astérisque indique une chronique « polémique » ; les autres sont « contemplatives ».

Remerciements

Merci à André Bellaïche, Olivier Cogis, René Cori, Hubert Flocard, Hubert Krivine et Claude Treiner pour leurs encouragements, et pour avoir contribué à réduire le nombre d'erreurs de toutes sortes qui émaillaient le texte initial. Merci à Françoise Gicquel pour avoir suggéré plusieurs sujets de ces chroniques... et pour les avoir toutes écoutées en temps réel.

Préface

Rue Mouffetard, il y a environ deux ans. En descendant la rue, je vois mon frère attablé à une terrasse de café prenant un verre avec un couple d'amis. Ce couple dirige la radio Judaïque FM, l'une des quatre sensibilités qui s'expriment sur la fréquence 94.8 – la sensibilité la plus « libérale ». Je les taquine : « Je n'écoute pas votre radio, mais je parie que vous n'avez pas de programme de science. » Ils confirment, et me lancent : « Fais déjà une proposition, on l'examinera ! » Et c'est ainsi que six mois plus tard, j'ai commencé une chronique intitulée... comme le titre de ce livre. Les textes qui suivent reprennent ces chroniques, à peine aménagées pour le passage de l'oral à l'écrit.

La forme de ces chroniques doit, par un aspect, à l'enseignement que j'ai assuré à Sciences Po Paris. Cet enseignement, intitulé (en toute simplicité) *L'avenir de la planète : population, énergie, climat*, avait pour but d'illustrer, à propos de questions de société où science et technologie sont fortement impliquées, la différence entre un énoncé scientifique et une opinion. Énergie, climat, santé, eau et agriculture, ondes électromagnétiques, biodiversité : les sujets sont légion. Internet fournit une source infinie d'informations de toute nature, des plus fiables aux plus fantaisistes, des mieux intentionnées aux plus mensongères, et les enjeux financiers sont si importants – pensons au secteur de l'énergie – que des officines se spécialisent dans la production de fausse science et de fausses controverses – y compris dans des domaines où la connaissance scientifique est bien établie. Les « marchands de doute » se portent bien. Rétablir l'ordre de grandeur des quantités en jeu permet de faire le tri parmi les idées qui circulent, une idée n'étant utile que si elle est *à la mesure* du problème posé. Les chiffres, ça compte...

Ce recueil se tient à la frontière de la science et de la société, et les chroniques marchent sur deux jambes : une jambe polémique et une jambe contemplative. Le décryptage de l'actualité immédiate ne peut se départir d'un aspect polémique, qui est ici joyeusement assumé. Mais il n'est pas bon de se laisser mener uniquement par le rythme des événements et imposer la dictature du présent. Il convient aussi de prendre de la distance, et sonder ce plaisir de chercher et de comprendre, ce mouvement irrépressible de la pensée vers l'exploration du pourquoi et du comment des choses. Il suffit d'observer un enfant de trois ans manipulant les objets qui l'entourent pour se convaincre que ce besoin est constitutif de l'espèce humaine. De quoi se laisser aller au plaisir du contemplatif.

1
Pourquoi gonfler les chiffres ?

Le premier pas de ces chroniques sera résolument polémique.

Nous sortons de la COP21. Objectif : réduire nos émissions de gaz à effet de serre, remplacer les énergies fossiles (charbon, pétrole, gaz) par des sources décarbonées : énergies renouvelables et énergie nucléaire. Oui, mais certains *opposent* ces deux catégories. Comme ils refusent le nucléaire, ils misent tout sur les renouvelables, notamment l'éolien et le photovoltaïque. D'où une tendance récurrente à gonfler les chiffres, parfois de façon absurde, parfois de façon subtile. Voyons.

Corinne Lepage a coordonné un rapport commandé par la ministre de l'environnement. Il a été rédigé par 27 personnes, et remis à la ministre le 12 juin 2015 sous le titre *L'Économie du Nouveau Monde.* Page 26 de ce rapport, on trouve l'affirmation suivante : « *Ainsi, en 2014, l'énergie solaire représente 10 % de l'électricité du monde et devrait en représenter 20 % d'ici 2030.* » Comme, à la lecture, ce chiffre me paraît élevé (10 ‰, c'est beaucoup), je consulte les données de l'AIE, l'Agence Internationale de l'Énergie, publiées dans son rapport de 2015. On apprend là que la production mondiale d'électricité photovoltaïque a été en 2014 de 212 TWh (térawatt-heure, soit 1 milliard de kWh), sur une production mondiale totale de plus de 20 000 TWh. Le photovoltaïque ne représente donc pas 10 %, mais 1 % de l'électricité mondiale ! Faute de frappe ? Sûrement pas, car Corinne Lepage répète volontiers ce chiffre dans les débats où elle intervient. Comment peut-on écrire et dire des choses aussi fausses ? L'examen de la liste des rédacteurs du rapport fait apparaître qu'il n'y a parmi eux *aucun scientifique* professionnel, mais qu'il y a Thierry Lepercq, PDG de Solaire Direct, une entreprise française spécialisée dans le photovoltaïque [1]. Il devrait donc savoir, lui ! Oui... mais non, car il vient d'HEC, ce qui est parfait pour monter des entreprises et lever des fonds, mais moins bien, apparemment, pour évaluer les potentialités physiques du photovoltaïque. Nous y reviendrons.

Ouvrons à présent *Libération* du mardi 26 janvier. Yannick Jadot, député européen Europe Écologie Les Verts, affirme : « *Plus de la moitié des nouvelles installations de production électrique dans le monde sont dorénavant des renouvelables.* » En termes de puissance installée, c'est (à peu près) vrai. En termes d'énergie délivrée, c'est faux, et de loin. Où est le tour de passe-passe ?

La puissance installée d'une éolienne, c'est, par définition, la puissance maximale qu'elle peut délivrer, dans

1. Thierry Lepercq est devenu directeur général adjoint en charge de l'innovation, de la recherche et de la technologie chez ENGIE.

les meilleures conditions de vent. Pareil pour une installation photovoltaïque (on parle alors de puissance-crête, obtenue sous les meilleures conditions d'ensoleillement). Oui, mais il y a des jours sans vent, et l'expérience montre que la nuit, il n'y a pas de soleil. Dans les deux cas, pas d'électricité délivrée. On appelle cela l'*intermittence*, ou, de façon plus pudique, la variabilité. Il convient donc de raisonner en termes de puissance moyenne, celle qui est directement reliée à l'énergie produite au cours d'une année de fonctionnement. Or la puissance moyenne du parc éolien européen est d'environ un cinquième de la puissance installée : vous installez 100, vous récupérez en moyenne 20. Pour le photovoltaïque, vous installez 100, vous récupérez en moyenne mondiale 12. Pour grossir les performances, il suffit d'annoncer que vous avez installé 200, sans dire qu'en moyenne vous ne récupérez que 32 ! En réalité, on met mondialement en place chaque année *2 à 3 fois plus d'électricité* d'origine fossile que d'origine éolienne ou photovoltaïque. Pourquoi le cacher ? L'atmosphère sait bien, elle, ce que nous lui envoyons.

Mettons les choses en perspective. Nos émissions de gaz à effet de serre, tous secteurs confondus – et pas seulement la production d'électricité – augmentent à un rythme de 2 à 3 % par an (hors crise ou ralentissement économique). Tout simplement parce que notre consommation d'énergie fossile augmente à ce rythme. Pour stabiliser ces émissions, il faudrait que cette augmentation de consommation soit assurée par des sources décarbonées. Or si l'on fait le compte de tout ce que nous sommes capables de mettre en place aujourd'hui, on constate que c'est huit fois moins que ce qui serait nécessaire. Penser que ce sera possible sans faire appel à toutes les technologies, nucléaire compris, c'est se condamner à laisser dériver et nos émissions et le changement climatique.

Il se développe un imaginaire de l'énergie fait d'images d'Épinal se substituant à la réflexion rationnelle : ainsi, il suffirait de quelques panneaux photovoltaïques sur le toit de la maison, d'une éolienne au fond du jardin, d'un peu d'amour et d'eau fraîche pour résoudre les problèmes.

Est-ce bien sérieux ?

Nous reviendrons une autre fois sur la comparaison France/Allemagne, puisque cette dernière est toujours citée par le mouvement écologiste français comme un exemple à suivre. En réalité, cette expérience en vraie grandeur montre sans ambiguïté la difficulté qu'il y a à sortir *à la fois* du nucléaire *et* des combustibles fossiles : malgré le développement massif de l'éolien et du photovoltaïque depuis une quinzaine d'années, les émissions allemandes de gaz à effet de serre ne diminuent pas.

Mais avant d'examiner en détail pourquoi il en est ainsi, nous ferons dans quinze jours un pas de notre jambe contemplative – si je peux me permettre.

17 février 2016

Pour aller plus loin

Rapport de l'Agence Internationale de l'Énergie de 2015 sur l'énergie photovoltaïque :

IEA-PVPS-Trends2015-Executive_Summary-Final.pdf

Sur les projections de production d'électricité renouvelable entre 2012 et 2020 :

https://www.eia.gov/outlooks/ieo/table5-2.cfm

La consommation d'électricité mondiale augmente d'environ 500 TWh par an sur la même période :

https://www.eia.gov/outlooks/ieo/electricity.cfm

2
Qu’est-ce qu’une bonne explication ?

Le premier pas de cette chronique, il y a 15 jours, était polémique. Le pas d’aujourd’hui est, comme promis, contemplatif, et nous conduit vers... le plaisir de comprendre.

Ah, du vrai plaisir : celui qui vous donne le frisson, qui force un sourire sur vos lèvres, qui vous rend subitement plus léger, flottant à 30 cm au-dessus du sol, comme si la pesanteur qui nous relie à la Terre était brusquement débranchée. Eurêka !

Un ami nous raconte ses mésaventures, et nous lui disons : comme je te comprends ! Ce mouvement d’empathie, de quoi est-il fait, au juste ? Tout simplement de ceci : nous avons de cet ami une représentation mentale, abstraite, qui fonctionne dans notre tête comme cet ami dans la réalité. Nous pouvons même le placer dans des conditions imaginaires, et prévoir son comportement : « Ah, Jojo, dans ces conditions, c’est sûr qu’il agirait comme ci et comme ça ! » Et nous pouvons dire pourquoi. Nous avons en tête une théorie de notre ami, qui fournit des explications et permet de faire des prédictions.

En science, comprendre a le même sens. Comprendre, c'est avoir les bonnes représentations mentales, les bonnes théories, les bonnes explications, et la recherche, c'est celle des bonnes explications. Comprendre, c'est être capable de recréer le monde par la pensée, dans la pensée.

Ce qui est particulier aux sciences, c'est que les bonnes théories s'expriment par des lois universelles. En physique, la reconstruction abstraite du monde passe aussi par les mathématiques, les lois ont une expression mathématique – qui ne se vote pas au Parlement.

Une bonne explication doit satisfaire 3 critères :

1. Elle doit s'appliquer au plus grand nombre de phénomènes possible, en les mettant en relation les uns avec les autres.
2. Elle doit permettre de prévoir des phénomènes non encore observés.
3. Elle doit être difficile à modifier.

La première condition est bien connue, je ne m'y attarde pas : si une explication n'est valable que pour un phénomène, c'est juste une description, pas de la compréhension.

La troisième condition est importante, bien qu'elle soit rarement mentionnée comme telle. Elle est bien illustrée par le premier succès de la théorie de la relativité générale, qui concernait le mouvement de la planète Mercure. Si cette planète était seule autour du Soleil, elle décrirait une ellipse dont le Soleil est l'un des foyers. Mais sous l'effet perturbateur des autres planètes, l'axe de cette ellipse tourne lentement. L'astronome Le Verrier montra en 1859 qu'il y avait un petit désaccord entre le calcul et l'observation de cette rotation de l'axe. Oh, pas de beaucoup : environ 1/100 de degré par siècle ! Mais on ne pouvait y échapper, et pendant plus de 50 ans, toutes les tentatives pour expliquer ce désaccord échouèrent. Car on ne pouvait changer *un petit peu* les lois de Newton pour les besoins de *cette* cause : tout se tient, et si vous changez quelque chose *ici,* vous risquez de bouleverser tout ce que la théorie explique *ailleurs.* En revanche, si vous avez comme théorie que c'est l'esprit du dieu Mercure qui règle le mouvement de la planète du même nom, il n'est pas difficile d'attribuer l'anomalie observée à une quelconque lubie du dieu ailé...

En fait, c'est la théorie de la relativité générale d'Einstein qui permit de comprendre le mouvement de Mercure, mais la théorie allait bien au-delà. Ses conséquences bouleversaient de fond en comble nos conceptions intuitives de l'espace et du temps. Au lieu d'être des réceptacles neutres où viennent se loger les phénomènes, ils deviennent des entités physiques à part entière. En particulier, les masses déforment cet espace-temps. Dans cette conception, le mouvement des planètes autour du Soleil, par exemple, n'est pas dû à l'existence d'une force, mais à la déformation de l'espace-temps induite par le Soleil dans son voisinage. Les masses disent à l'espace-temps comment se déformer, et l'espace-temps dit aux masses comment se déplacer.

Ce qui nous permet de revenir à la deuxième condition d'une bonne théorie : elle doit permettre de prévoir des phénomènes nouveaux. C'est ce qui vient d'advenir avec la découverte toute récente des ondes gravitationnelles. Elles étaient attendues depuis 1916, date à laquelle Einstein publia sa théorie de la relativité générale. Et comme cette théorie explique beaucoup de choses, il fallait bien que les ondes prédites soient au rendez-vous. La difficulté, c'était de les observer directement.

Une première confirmation indirecte fut obtenue en observant un pulsar binaire, découvert en 1974 par Huse et Taylor, et qui leur valut le prix Nobel en 1993. Ce pulsar est formé de deux étoiles à neutrons tournant l'une autour de l'autre, et l'on observa un raccourcissement de leur période de rotation. Cela correspond à une diminution de leur énergie, et cette perte correspond *exactement* à ce qu'on calcule en supposant que des ondes gravitationnelles sont émises en permanence. De façon analogue, le ralentissement observé de systèmes d'étoiles doubles s'explique indirectement par l'émission d'ondes gravitationnelles.

Mais cette fois-ci, on a observé ces ondes directement. Et qu'est-ce qui vibre, au fait ? L'espace-temps, pardi ! Or si l'espace se met à vibrer, cela signifie que les dimensions des objets varient au passage de l'onde, et cette variation peut être mise en évidence avec des lasers dont les faisceaux se propagent sur quelques kilomètres dans des cavités bien contrôlées : tour de force expérimental à la limite de ce qu'on sait faire. La précision obtenue est un millième de milliardième de milliardième... Une précision d'un mètre sur la taille de notre galaxie. Et comme maintenant nous savons le faire, c'est une nouvelle façon d'observer l'Univers qui s'ouvre, car nombreux sont les objets célestes qui émettent des ondes gravitationnelles. Vertige, vous avez dit vertige ?

Bien, retournons sur Terre. Vous êtes dans votre voiture, et actionnez votre GPS. Votre position est repérée par des satellites qui échangent des signaux lumineux. Or l'espace-temps dans lequel ces signaux se propagent est perturbé par la masse de la Terre. Pour que le GPS donne votre position avec une précision de quelques mètres, il est indispensable de tenir compte de cette perturbation, laquelle est donc incorporée dans le logiciel de votre appareil. Conclusion : à chaque fois que vous actionnez votre GPS, vous faites une expérience de relativité générale – qui marche !

Regardez bien le siège à côté de vous : Einstein est assis là, un petit sourire au coin des lèvres.

2 mars 2016

Pour aller plus loin

David Deutsch, *Le commencement de l'infini,* trad. de l'angl. par Jacques Treiner et Françoise Gicquel, Cassini, 2016.

http://gravity.paris/en/index.php/accueil-2/

3

Retour sur investissement énergétique

Le mot *investissement* évoque immédiatement une dépense monétaire. Or il ne s'agira pas ici d'argent, mais d'investissement énergétique. De quoi s'agit-il ?

Tout animal s'en doute : il faut dépenser de l'énergie pour s'en procurer.

Prenez l'exemple des oiseaux : ils sont de petite taille et tendent à perdre leur chaleur d'autant plus vite que leur rapport surface sur volume est grand ; de plus, voler consomme beaucoup d'énergie musculaire. Conséquence : ces petites bêtes passent leur temps à chercher de la nourriture car, comme pour tout être à sang chaud, ce sont les transformations chimiques associées à la digestion des aliments qui produisent la chaleur nécessaire pour conserver une température constante. Pour que cette activité assure la survie de l'animal, il faut toutefois qu'elle remplisse une condition : que l'énergie récupérée lors de la digestion soit au moins égale à l'énergie dépensée pour se procurer cette nourriture. Eh oui, sinon, l'animal puise sur ses réserves, et à terme, c'est la mort. Si, en plus, on tient compte de l'énergie dépensée à la construction du nid, à la reproduction, à nourrir les petits... et à chanter, le rapport énergie récupérée sur énergie investie doit bien être supérieur à 1.

Oui, mais de combien plus grand que 1 ? Bonne question.

Considérez maintenant nos sociétés. Elles se sont développées, surtout depuis la dernière guerre mondiale, en s'appuyant sur une consommation accélérée de combustibles fossiles, et notamment de pétrole. Celui-ci représente encore 30 % de notre consommation de combustibles fossiles, et 95 % de l'énergie assurant nos besoins de transport.

Or, il faut dépenser de l'énergie pour extraire un baril de pétrole, et même des formes sophistiquées d'énergie : pour fabriquer le matériel de forage, les camions, l'électricité. Si, pour sortir un baril de pétrole, il faut dépenser l'équivalent énergétique d'un baril, tout ce qu'on peut faire, c'est s'asseoir dessus et le regarder.

Soyons précis. Considérons toute la chaîne qui va de l'extraction du pétrole à la mise à disposition d'essence pour le consommateur. Partons d'une quantité de pétrole dont le contenu énergétique est de 100 (peu importe l'unité), et qui nécessite 10 unités pour l'extraction. On a le sentiment que ce n'est pas trop mal, n'est-ce pas ? J'investis 10, je récupère 100. Voire. Le raffinage du pétrole consomme 27, dont 17 pour obtenir des produits consacrés à la chimie, et 10 pour produire de l'essence ou du fuel. Le transport de ces carburants demande encore 5 unités. Mais il faut aussi disposer d'infrastructures de transport et les entretenir : comptez 38 unités. Au total, sur les 100 unités initiales, 83 ont un usage énergétique

(= 100 – 17), mais pour qu'on puisse les consommer il a fallu investir 10 + 10 + 5 + 38 = 63. Il n'y a que 20 unités rendues disponibles (83 – 63) pour *toutes les autres* activités de la société, celles qui ne sont pas liées à la production des carburants. Le taux de retour (énergie disponible/énergie dépensée) est, dans cet exemple, de 83/63, soit environ 4/3, ce qui est en fait très faible, et bien inférieur à la réalité, comme on va le voir.

Il convient à présent de prendre toute la mesure de cette façon d'effectuer la comptabilité énergétique de la société. Car, dans l'énergie investie, il faut aussi tenir compte de celle consommée par les gens qui travaillent dans le secteur énergétique, donc la nourriture qui leur permet de vivre, d'avoir une famille, d'avoir accès au système éducatif, au système de santé et, *last but not least,* aux activités artistiques et activités de loisir : tout cela entre dans le bilan énergétique.

Quel doit être le retour énergétique *minimum* pour que nos sociétés puissent fonctionner ? Pour le pétrole conventionnel, voici ce qu'on trouve : pour que l'essence soit disponible, le retour minimum doit être de 3 pour 1 (il faut sortir 3 unités d'énergie pour 1 investie), pour que les ouvriers aient de quoi se nourrir, le retour doit être de 5 pour 1 ; il doit passer à 10 pour 1 si l'on inclut l'entretien d'une famille et l'éducation, à 12 pour 1 pour disposer des soins de santé, et à 14 pour 1 pour avoir accès aux activités de loisir. Insistons sur la signification de ce dernier chiffre : il signifie que le secteur énergétique à lui seul n'absorbe que 7 % (1/14) de la dépense énergétique totale de la société.

Rassurez-vous : le retour énergétique du pétrole et du gaz conventionnels sont aujourd'hui autour de 30 pour 1, celui du charbon autour de 50 pour 1, voire plus. Comme ces sources constituent 80 % de notre énergie primaire, nous sommes bien au dessus du minimum. Mais il faut noter que ces rendements ont tendance à diminuer – sauf pour le charbon, qui maintient ainsi une bonne position d'avenir – dommage pour le climat !

On comprend évidemment que cette analyse puisse et doive être menée pour toutes les sources d'énergie disponibles. Qu'en est-il, alors, des énergies renouvelables, dont certains affirment qu'elles sont susceptibles de remplacer les fossiles ?

Il existe une étude très détaillée, menée sur deux ans de production, du photovoltaïque espagnol. Elle est due à Charles Hall, un scientifique américain qui a développé cette approche toute sa vie de chercheur, et Pedro Prieto, un ingénieur espagnol spécialisé dans le photovoltaïque. Ils montrent, dans un livre publié en 2012, que le rendement énergétique passe de 8 pour 1, si l'on ne tient compte, comme investissement énergétique, que des panneaux et de leur installation technique (hors main-d'œuvre), à 2 pour 1 si l'on prend en compte toute la chaîne comprenant le transport des matériels, les fondations, les liaisons au réseau, l'entretien et la maintenance, la main d'œuvre et la compensation des variations de production (nuit, mauvais temps, etc.) par des centrales à gaz déjà existantes. Cela ne prend même pas en compte le fait que si les capacités installées augmentaient massivement, il faudrait mettre en place des capacités de stockage ou de compensation supplémentaires pour gérer les variations de la production.

Un retour de 2 pour 1, seulement [1] ?! Eh oui !

Cela signifie tout simplement que ces technologies ne se développent que parce qu'elles s'appuient sur des sources ayant un bien meilleur rendement énergétique, à savoir... les énergies fossiles ! Si nous sommes capables d'améliorer leur rendement énergétique, les renouvelables pourront sans doute être utiles à la décarbonation de nos sociétés, mais aujourd'hui, leur rôle est marginal, y compris en Allemagne, qui les a pourtant développées de façon importante.

De ce simple point de vue, les scénarios 100 % renouvelables que l'on trouve ici ou là ignorent tout simplement la façon dont l'énergie alimente les sociétés humaines, à tous leurs niveaux d'existence.

16 mars 2016

1. Cette valeur a été contestée par R. Koppelaar dans une méta-analyse (« Solar-PV energy payback and net energy », *Renewable and Sustainable Energy Reviews*, Vol. 72, mai 2017, p. 1241-1255) au prétexte que les rendements des panneaux ont beaucoup progressé. Mais comme dans cette étude, les coûts énergétiques associés à la force de travail, au stockage et au réseau électrique n'ont pas été pris en compte, la conclusion de Koppelaar ne me paraît pas fondée.

Pour aller plus loin

http://science-and-energy.org/slides-videos/, notamment les contributions de Charles Hall et Pedro Prieto.

4

La Terre, quel âge ?

La chronique contemplative d'aujourd'hui commence par ce petit dialogue de nature administrative :

– Nom ?

– Planète.

– Prénom ?

– Terre.

– Taille ?

– 6400 km de rayon.

– Adresse ?

– 150 millions de kilomètres du Soleil, mais l'adresse précise dépend du jour de l'année.

– Couleur ?

– Bleu, comme une orange.

– Âge ?

– Âge ? Ben, celui de toute la famille, tiens !

– C'est-à-dire ?

– Mais je vous dis, celui de tout le système solaire : le Soleil, pour commencer, les planètes, la ceinture des astéroïdes, les comètes, la ceinture de Kuyper, et même le nuage de comètes de Oort, qui se trouve aux confins du système solaire.

– Ne finassez pas, je vous ai demandé votre âge !

L'âge de la Terre ? ! Ah, il a fallu plusieurs millénaires avant de le déterminer.

Repérer des astres errants, dont le mouvement se distinguait de celui des étoiles, les Sumériens l'avaient fait il y a 5 000 ans. Déterminer la taille de la Terre, Ératosthène, par un raisonnement d'une beauté à couper le souffle, l'avait fait au IIIe siècle avant notre ère. Mais l'âge de la Terre, ça a été une autre histoire !

Déjà, il fallait imaginer qu'il y avait eu un début. Toutes les civilisations ne l'ont pas fait. Aristote ne l'a pas fait, pour qui la Terre avait existé de tout temps. Les Hindous non plus qui, dans leur tradition, imaginent une succession infinie de cycles. Mais la Bible, si. En fait, elle offre même mieux que cela. En effet, après les 7 jours bien connus du « commencement » (*bereshit*), on y trouve une description de toutes les générations qui se sont succédées jusqu'aux événements pour lesquels nous avons des traces historiques. Pour avoir accès au temps zéro, il suffit donc de remonter les générations – si l'on accepte l'idée de personnages pouvant vivre plusieurs centaines d'années (930 ans pour Adam, 969 ans pour Mathusalem, 950 ans pour Noé, etc.).

C'est ainsi que Johannes Kepler, au début du XVIIe siècle, parvint à dater l'origine du monde à 3993 avant notre ère, tandis que Newton proposa un peu plus tard 3998. Le record de précision fut obtenu sans conteste par un évêque anglican, James Ussher, qui, dans ses *Annales du Monde* (1658), data le temps zéro au soir du 28 octobre 4004 avant Jésus-Christ. Selon le calendrier hébraïque, nous sommes en l'an 5777 de la création du monde, ce qui place le début à 3760 avant l'ère chrétienne.

Pourtant, à la même époque, Galilée avait déjà ouvert une autre voie. Dans une superbe lettre à Christine de Lorraine, datée de 1615, il raisonne avec ce que l'on peut prendre comme une amusante rouerie : comme Dieu est à la fois l'inspirateur du Texte et le créateur de la Nature, il ne peut exister de contradiction entre les deux. Or, nous prenons connaissance des phénomènes naturels par nos sens, notre faculté d'abstraction, et par les mathématiques. Le processus est facilement contrôlable. Par conséquent, s'il nous semble parfois qu'il y a discordance entre le Texte et l'approche par la Raison, c'est que nous comprenons mal le Texte, puisque nous avons tout contrôle sur la Raison. Il faut donc prendre acte du fait que le sens du Texte est souvent caché, bien loin du sens littéral, et – je cite Galilée – « *qu'il a été inspiré aux écrivains sacrés pour leur permettre de s'adapter à la capacité d'un peuple vulgaire, ignorant et illettré* ».

Spinoza suivit quelques décennies plus tard le même chemin. Dans son *Traité théologico-politique,* publié en 1670, il exprime avec une grande force logique la nécessité d'interpréter le texte religieux (jusqu'à souligner les difficultés liées à la traduction). Il prend l'exemple de ces paroles de Moïse, *Dieu est un feu.* Spinoza s'interroge : Moïse a-t-il vraiment cru que Dieu était un feu ? Et il poursuit : comme « *Moïse, en beaucoup d'endroits, enseigne très clairement que Dieu n'a aucune ressemblance avec les choses visibles qui sont dans les cieux, sur la terre ou dans l'eau, nous devons conclure que cette parole en particulier, ou toutes celles du même genre, doivent être entendues comme des métaphores* ». À propos des miracles, il écrit : « *Si l'Écriture racontait la ruine d'un État à la manière des historiens politiques, cela ne remuerait en aucune façon la foule ; l'effet est très grand au contraire quand on dépeint ce qui est arrivé d'un style poétique...* » (quel hommage à la poésie !) Et plus loin : « *Quand donc l'Écriture raconte que la terre est stérile à cause des péchés des hommes, ou que des aveugles sont guéris par la foi, ces récits ne doivent pas plus nous émouvoir que lorsqu'elle raconte qu'à cause des péchés des hommes Dieu s'est irrité, contristé, repenti du bien promis ou déjà fait, ou encore que Dieu se rappelle sa promesse à la vue d'un signe, et beaucoup d'autres opinions qui sont des inventions poétiques, ou expriment les opinions ou préjugés du narrateur.* »

En d'autres termes, Spinoza propose de considérer la Bible comme un texte littéraire qui, comme tout texte littéraire, parle de la société dans laquelle vivent... ses auteurs. Il est donc vain d'y chercher une histoire objective du monde. Il vaut mieux pour cela utiliser la Raison qui, elle, se trouve sous le feu permanent de la critique, laquelle permet de corriger les éventuelles erreurs.

Ce changement de perspective dans la lecture des textes eut évidemment des conséquences énormes, puisque la voie fut dorénavant ouverte à une autre approche de la Nature. La question de l'âge de la Terre devint une question scientifique, et les lettrés se mirent à chercher frénétiquement des chronomètres objectifs dans les phénomènes naturels.

Avec une imagination ainsi libérée, les idées foisonnèrent. Je vous annonce tout de suite le résultat. L'âge de la Terre, c'est-à-dire celui de la formation du système solaire, est de 4,5672 milliards d'années, avec une incertitude de quelques dizaines de millions d'années.

Comment nous sommes parvenus à cette valeur – qui ne changera sans doute plus, c'est une connaissance *stabilisée* – nous le discuterons dans la prochaine chronique.

30 mars 2016

5
La Terre, quel âge ? (suite et fin)

Nous avons vu il y a 15 jours que c'est vers les XVIIe - XVIIIe siècles, c'est-à-dire avec l'émergence des Lumières, que l'âge de la Terre est devenu une question scientifique.

Pour répondre à une question scientifique, on formule des conjectures, on tente des explications, on propose des idées théoriques, et on les soumet au verdict de l'expérimentation ou de l'observation.

Mais comment expérimenter au sujet de l'âge de la Terre ?

En fait, les idées n'ont pas manqué, et on a pu mettre au point des chronomètres objectifs, même s'ils ne furent pas toujours très précis.

Ainsi Edmund Halley, celui de la comète, eut en 1715 l'idée que la salinité de la mer était due à l'apport des rivières, qui dissolvent sels et minéraux des terrains qu'elles érodent. Comme l'eau évaporée des océans ne contient pas de sel, celui-ci s'accumule au cours des âges dans la mer. Halley ne savait pas comment chiffrer le rythme de cette accumulation, il était donc incapable de chiffrer le commencement du processus, mais l'idée, contre-intuitive car l'eau des rivières paraît douce, est superbe, non ? Elle sera du reste reprise en 1899 par John Jolly, qui obtiendra une valeur d'environ 100 millions d'années.

L'étude des dépôts sédimentaires, dès la fin du XVIIe siècle, donna accès aux temps longs. Il fallait d'abord reconnaître que les fossiles trouvés dans les couches géologiques ne sont pas d'étranges formes spontanées de cristallisation des roches, mais bien des restes d'organismes vivants, indiquant que les terrains où on les trouve se sont formés au fond des océans, puis ont été poussés hors de l'eau par de formidables mouvements tectoniques ascendants. En mesurant la vitesse de sédimentation dans des lacs, afin de l'extrapoler à des sédiments océaniques, Buffon obtint une centaine de milliers d'années – résultat qu'il se garda bien de publier pour ne pas choquer ses contemporains.

Mais l'idée qui connut le plus de développements fut sans doute la suivante. Lorsqu'on s'enfonce dans la terre, la température augmente à raison de 1 degré tous les 30 mètres, soit 30 degrés tous les kilomètres. La température atteint donc le millier de degrés à trente-trois kilomètres de profondeur. D'où l'idée que la Terre est un globe constitué de roches en fusion qui se refroidit par sa surface. Buffon, encore lui, se mit en tête d'explorer cette idée. Dans la forge qu'il fit construire vers 1770 dans son domaine de Montbard, il faisait porter au rouge des globes de fer de différentes tailles, et l'on observait (au toucher) le temps de refroidissement en fonction de la taille. En extrapolant au globe terrestre, il obtint également la centaine de milliers d'années.

La même idée fut reprise par Joseph Fourier au début du XIXe siècle, puis par Kelvin dans la seconde moitié du siècle. Elle donna lieu à un conflit passionnant entre la physique, représentée par Kelvin, et la géologie, représentée par Charles Darwin.

Kelvin était capable de calculer de deux façons indépendantes l'âge du système solaire. D'une part, en utilisant la théorie de la propagation de la chaleur dans un milieu rigide, il estimait le temps qu'il avait fallu pour que le gradient thermique à la surface, quasi-infini initialement, ait atteint la valeur de 30 degrés par kilomètres. D'autre part, en attribuant l'origine de l'énergie solaire à la gravitation, il sut calculer le temps nécessaire pour qu'un nuage de poussières interstellaires se contracte sur lui-même jusqu'à donner notre Soleil. Dans les deux cas, il trouvait quelques dizaines de millions d'années. Une telle coïncidence ne pouvait être fortuite, il fallait bien qu'il y eût quelque chose de vrai dans ces estimations concordantes.

Pour Darwin et les géologues de son époque, ça ne convenait pas. Ils se situaient résolument dans un temps plus long, et se seraient bien accommodés d'une Terre éternelle en constante transformation. « *Aucune trace de début, aucune perspective de fin* », tel était leur cadre de pensée, qu'ils voulaient aussi éloigné de la Bible que possible. Éroder des montagnes, déposer des sédiments de plusieurs kilomètres d'épaisseur, faire évoluer les espèces, cela se chiffrait pour Darwin en centaines de millions d'années – même si les géologues ne disposaient pas de chronomètres absolus. Les calculs de Kelvin lui étaient odieux, il les percevait comme des attaques terribles. L'évolution de la vie devait être lente, alors que pour Kelvin, la vie était une caractéristique fondamentale de la matière, qui pouvait bien même être venue d'ailleurs. Tout dialogue devint impossible.

Le paradoxe, c'est que Kelvin, utilisant la meilleure physique de son époque, avait tort, car il faisait deux hypothèses qui se révélèrent fausses : il supposait une terre rigide, sans convection interne, et il supposait aussi qu'il n'y avait pas de source de chaleur interne. Un de ses étudiants, John Perry, tenta bien de lui faire remarquer que si la roche en fusion sous la croûte était animée de mouvements de convection, le gradient thermique observé devenait compatible avec un âge de plusieurs milliards d'années, Kelvin ne voulut pas démordre de ses hypothèses. Darwin, quant à lui, avait raison, mais il était incapable de le prouver.

L'issue vint avec la découverte de la radioactivité. C'est elle qui a fourni le chronomètre adéquat. En effet, lorsqu'un noyau est radioactif, le rythme auquel il se transforme suit une loi parfaitement déterminée. Le temps qu'il faut pour qu'une population de noyaux instables soit divisée par deux est une constante, qu'on appelle période radioactive de l'élément. Ainsi, si l'on considère un ensemble de noyaux de carbone-14, au bout de 5730 ans il n'en reste que la moitié, au bout de deux fois 5730 ans il n'en reste que le quart, etc. Dans une plante vivante, la proportion de carbone-

14 est fixée, elle reflète celle de l'atmosphère d'où la plante tire son carbone lors de la photosynthèse. Quand une plante meurt, la quantité de carbone-14 qu'elle contient diminue, et en mesurant ce qu'il en reste, on détermine le moment de la mort. C'est ainsi que l'on date des objets de bois remontant à quelques dizaines de milliers d'années (au-delà d'une dizaine de périodes radioactives, il reste trop peu de noyaux, et la précision de la mesure se dégrade). Mais la nature est généreuse : elle fournit des noyaux radioactifs avec toute la gamme de périodes possibles ! Ainsi, par exemple, l'isotope 235 de l'uranium a une période de 700 millions d'années, et l'isotope 238, une période de 4,5 milliards d'années. Ils se désintègrent chacun en un isotope particulier du plomb, après émission de plusieurs noyaux d'hélium !

D'où la recette : prenez une météorite, car elle est demeurée identique à elle-même depuis la formation du système solaire, mesurez sa concentration en plomb issu de la désintégration de l'uranium, et bingo : vous déterminez l'âge de la Terre ! Répétez l'opération sur une collection de météorites diverses, et voyez si ça converge. Résultat : ça converge ! C'est pas beau, ça ? C'est pas beau ?

Alors je vous le redis : l'âge de la Terre, et celui de la formation du système solaire, c'est 4,5672 milliards d'années, avec une incertitude de quelques millions d'années.

13 avril 2016

Pour aller plus loin

Hubert Krivine, *La Terre, des mythes au savoir,* Cassini, 2011.

Jacques Treiner, *Quel est l'âge de la Terre ?,* Le Pommier, 2011.

6

Qui a découvert la fission nucléaire ?

Le 16 novembre 1945, l'Académie Nobel attribua le prix de chimie à Otto Hahn pour la « *découverte de la fission des noyaux lourds* », découverte faite en décembre 1938 à Berlin. Cette attribution était singulière à plus d'un titre : 1) le prix était attribué trois mois après Hiroshima et Nagasaki ; 2) il était attribué au titre de l'année 1944, année où le Nobel de chimie n'avait pas été formellement attribué, car Hitler interdisait aux Allemands de recevoir le prix depuis qu'un journaliste pacifiste et antinazi déclaré, Karl von Ossietzky, avait reçu le prix Nobel de la Paix en 1936 ; 3) au moment de l'attribution, l'Académie Nobel ne savait pas officiellement où se trouvait Hahn, car celui-ci avait été arrêté par les Alliés en juillet 1945, assigné à résidence et maintenu au secret avec les principaux responsables scientifiques du projet allemand de bombe atomique ; 4) le prix Nobel aurait dû être attribué conjointement à Lise Meitner, avec laquelle Hahn avait travaillé pendant plus de trente ans à Berlin. Physicienne de la stature de Marie Curie, elle avait été co-conceptrice de la série d'expériences qui conduisit à la fameuse découverte fin 1938.

Mais, d'abord, qu'y a-t-il de si extraordinaire dans

la fission ? La fission, c'est ce processus par lequel un gros noyau atomique se casse en deux fragments de masses à peu près égales. Comme les deux fragments au contact contiennent des charges électriques – les protons – ils se repoussent très violemment, puis distribuent leur énergie, lors de collisions, à la matière environnante, ce qui la réchauffe. Une seule fission dégage 100 millions de fois plus d'énergie que lorsqu'une masse équivalente participe à une combustion chimique. Hormis la fusion nucléaire à l'œuvre au cœur des étoiles, la fission constitue la source de chaleur la plus concentrée qui soit. Elle permet de produire de l'électricité – lorsque les réactions sont contrôlées – ou des explosions – lorsque se développe une réaction non contrôlée.

Remontons un peu le cours du temps. Une nouvelle physique commença avec la découverte du neutron par Chadwick en 1932. Avec le neutron, les physiciens disposaient d'une nouvelle sonde. Comme il est électriquement neutre, il peut s'approcher du noyau sans être repoussé, y être absorbé et induire des transformations par lesquelles un élément se transforme en un autre, vieux rêve des alchimistes ! Trois groupes se mirent immédiatement au travail : Fermi et un groupe de jeunes physiciens à Rome, les Joliot-Curie à Paris, et Lise Meitner et Otto Hahn à Berlin. Ils bombardent tous les noyaux de la table de Mendeleiev avec des neutrons et s'efforcent d'identifier les noyaux obtenus. Mais personne n'imagine que l'absorption d'un neutron peut casser un noyau en deux morceaux de tailles voisines. Le noyau atomique, qui demeure identique à lui-même lors des transformations chimiques les plus violentes, est considéré comme incassable. C'était lui le véritable a-tome (in-sécable) !

Pourtant les physiciens disposaient dès 1934-35 de tous les éléments théoriques permettant de prévoir la fission. En effet, le noyau se comporte comme une goutte liquide électriquement chargée. Les charges se repoussent, et la force nucléaire maintient la stabilité. Dans les noyaux les plus gros, la charge électrique est suffisante pour que la moindre pichenette, comme l'absorption d'un neutron, le casse. C'est d'ailleurs la raison pour laquelle il n'existe pas sur Terre de noyau à longue durée de vie plus gros que l'uranium.

Cette explication sera d'ailleurs proposée quelques jours seulement après la découverte de la cassure du noyau. C'est Lise Meitner et son neveu Otto Frisch, venu lui rendre visite à Stockholm où elle était exilée, qui comprendront ce que Hahn a obtenu à Berlin. Lise Meitner, juive d'origine autrichienne, avait dû fuir l'Allemagne après l'Anschluss. C'est elle qui avait attiré Hahn dans ces recherches, car elle avait besoin des compétences d'un excellent chimiste pour identifier les produits des réactions nucléaires. Même après son départ de Berlin, elle resta en contact épistolaire avec Hahn, au point qu'ils décidèrent de se rencontrer discrètement à l'Institut Niels Bohr à Copenhague, le 13 novembre 1938. Au cours de cette entrevue apparut la nécessité de reprendre à Berlin une série d'expériences avec l'uranium, car les résultats de Hahn étaient incompréhensibles en l'état. C'est cette dernière série d'expériences qui conduira à la découverte de ce que Meitner et Frisch nommeront *fission nucléaire,* par analogie avec la fission du noyau d'une cellule vivante (nous disons en français *division*).

Comme ils ne peuvent plus publier ensemble, à cause de l'origine juive de Meitner, Hahn publie de son côté l'article qui lui vaudra le prix Nobel de 1945, tandis que Meitner et Frisch publient séparément l'article explicatif quelques jours plus tard. Mais il ne fait aucun doute qu'elle aurait dû partager le prix.

Hahn et Meitner finiront par recevoir ensemble, en 1966, la plus haute distinction de la Société américaine de physique, le prix Enrico Fermi. Ils sont cités pour « *leurs recherches pionnières dans l'étude de la radio-activité naturelle et leurs intenses études expérimentales culminant avec la découverte de la fission* ». Ni la santé de Meitner ni celle de Hahn ne leur permirent de faire le déplacement à Washington (ils avaient tous deux plus de 80 ans à l'époque). La cérémonie eût lieu à Vienne, et Glenn Seaborg, alors président de la Commission de l'énergie atomique des États-Unis, fit le déplacement. Mais Meitner ne put s'y rendre, et ce fut Frisch qui vint à sa place. Meitner écrivit à Hahn qu'elle était heureuse pour lui, mais qu'elle éprouvait quant à elle des sentiments contradictoires, tout en ressentant une « *forme de plaisir* ». « *Pourquoi seulement une forme de plaisir ?* », demanda Hahn à Frisch. Pensait-elle avoir quitté Berlin trop tôt ? Pas du tout, répondit Frisch, elle était reconnaissante à tous ceux qui l'avaient aidé à partir. Elle avait des sentiments contradictoires... à cause de la bombe.

Si la fission avait été découverte quelques années plus tôt, les efforts pour construire une arme atomique auraient abouti avant, soit dans un seul camp, soit dans les deux. La Seconde guerre mondiale aurait-elle alors tout de même eu lieu ? Ou la dissuasion aurait-elle joué comme pendant la guerre froide ? Je vous laisse sur cette interrogation évidemment sans réponse.

27 avril 2016

Pour aller plus loin

Fission, pièce de Olivier Treiner et Jacques Treiner (représentée au théâtre de la Reine Blanche d'avril à juin 2016).

Qui a découvert la fission nucléaire ?, Jacques Treiner, *in* Reflets de la physique (bulletin de la Société française de physique) n° 50, 2016.

7
Aller-retour aux Canaries

Reprenons cette fois notre chemin polémique. Il va nous mener aux îles Canaries.

Wikipédia nous apprend que les îles Canaries forment un archipel situé dans l'océan Atlantique, au large des côtes occidentales de l'Afrique, face au Maroc. L'archipel est composé de sept îles principales d'origine volcanique réparties d'est en ouest : Lanzarote, au relief fortement marqué par un volcanisme récent et encore actif, Fuerte Ventura, assez plate, très aride et la plus proche du continent, Tenerife, la plus grande, la plus peuplée et la plus élevée avec le Teide, point culminant de l'archipel et de l'Espagne, la Grande Canarie, au relief escarpé à l'intérieur de l'île, La Gomera, aux vallées encaissées, La Palma, la plus humide et la plus boisée de l'archipel, et El Hierro, la plus petite et la plus sauvage. El Hierro s'étend sur 270 km^2 et 8 000 personnes environ y vivent de façon permanente. Si vous faites une recherche sur Google, l'expression « îles Canaries » reçoit 1 630 000 réponses – en tout cas, c'était le résultat hier à 22h50. Mais si vous faites une recherche sur El Hierro, la plus petite des îles, vous obtenez 1 970 000 entrées.

Pourquoi une île aussi petite attire-t-elle l'attention ? C'est qu'une expérience s'y déroule, qui devrait déterminer si le monde sera jamais capable de se passer des combustibles fossiles et de tirer sa puissance électrique des seules énergies renouvelables. Et d'ailleurs le 12 février 2015, à l'Unesco, Ségolène Royal, ministre française de l'Écologie, du Développement durable et de l'Énergie, a remis le Trophée 2015 des Énergies renouvelables à Monsieur Alpidio Armas, le président de l'administration insulaire d'El Hierro et de sa novatrice centrale hydro-éolienne.

L'expérience, du nom de Gorona del Viento, met en effet en jeu une centrale couplant des turbines éoliennes et un dispositif hydroélectrique qui, selon les promoteurs du projet « *sera un exemple repris dans le monde entier* ». Pourquoi ? Parce qu'il est supposé pouvoir fournir 100% de l'électricité d'El Hierro à partir d'énergies renouvelables, et que si le système fonctionne ici, il fonctionnera aussi bien ailleurs. Gorona del Viento est, en d'autres termes, une expérience exemplaire d'un futur où la demande d'énergie sera satisfaite par des renouvelables propres, sans émissions de gaz carbonique, et c'est la raison pour laquelle elle a attiré l'attention du monde entier.

Dans quelle mesure Gorona del Viento a-t-elle été capable, à ce jour, de s'approcher de l'objectif des 100 % renouvelables ? Je vous livre ici le bilan qu'en tire Roger Andrews, un ingénieur en géophysique qui a analysé en détail les données de production électrique de l'île, et a publié ses résultats sur le site *Energy matters* (L'énergie, ça compte) du géologue Euan Mearns.

Depuis que l'opération a démarré, en juin 2015, pas plus d'un tiers de la consommation d'électricité a été d'origine renouvelable. Les deux tiers restants ont été fournis par la centrale au diesel, toujours en place, que le projet devait justement remplacer. Selon les calculs basés sur les résultats observés à ce jour, la nouvelle centrale ne sera jamais capable de fournir plus de 50 % des besoins en électricité d'El Hierro. Comment expliquer cet échec ?

En fait, rien n'a bien fonctionné.

Premièrement, la centrale a été sous-dimensionnée. Coupler éolien et hydraulique est a priori une bonne idée. En effet l'électricité éolienne n'est pas utilisable directement, car elle est fluctuante – jusqu'à ne pas produire du tout lorsqu'il n'y a pas de vent. Une installation hydroélectrique, elle, fournit un courant réglable à la demande, mais ne fonctionne que pour autant que le lac réservoir contienne de l'eau. Or cette centrale dispose d'un réservoir bas qui permet de récupérer l'eau une fois turbinée. L'idée est donc d'utiliser l'électricité éolienne pour remonter l'eau dans le réservoir haut, de sorte qu'elle soit turbinée en continu. Les pertes sont de 40 %. À El Hierro, la puissance éolienne installée est de 11,5 MW (5 éoliennes) et la centrale hydroélectrique a une puissance de 11 MW. Mais en fait ces 11,5 MW de puissance éolienne ne peuvent fournir que les deux-tiers de la demande annuelle d'El Hierro, et moins de la moitié lorsqu'on tient compte des 40 % de pertes dans le circuit hydroélectrique.

Deuxièmement, lorsqu'il fut décidé que ces 40 % de pertes étaient inacceptables, le concept opératoire fut changé. On décida que toute la puissance éolienne que le réseau pouvait absorber lui serait envoyée directement, sans passer par l'installation hydroélectrique. Cela a posé des problèmes de stabilité de réseau – toujours ces problèmes de fluctuations du vent – et jusqu'à présent la seule solution trouvée a été de continuer à faire fonctionner les générateurs diesel et de laisser perdre une grande partie de la puissance éolienne.

Troisièmement, Gorona del Viento reconnaît que les générateurs diesel vont être nécessaires en appoint, mais seulement, je cite, « *de manière exceptionnelle, lorsqu'il n'y aura pas assez de vent pour satisfaire la demande d'énergie.* » L'expérience montre cependant que ces cas sont loin d'être exceptionnels. La période allant de septembre 2015 à janvier 2016 a été caractérisée par des vents dominants faibles, et pendant 22 % du temps, la ferme éolienne n'a pas produit d'énergie du tout. Depuis sa mise en service, Gorona del Viento n'a fourni que 38,2 % de la demande d'électricité. Les générateurs diesel ont fourni le reste.

Quatrièmement, Gorona del Viento admet aujourd'hui que les deux réservoirs de la centrale hydroélectrique sont trop petits. En vérité, ils sont 20 fois trop petits. Le stockage nécessaire pour maintenir la production d'électricité d'El Hierro pendant une baisse du régime de vent d'une durée de cinq mois est très grand, et la capacité propre de stockage des réservoirs d'El Hierro, lorsqu'ils sont complètement remplis, ne peut satisfaire la demande que pendant deux jours.

Quelles sont donc les chances de pouvoir augmenter

les caractéristiques de Gorona del Viento pour approvisionner El Hierro avec 100 % de renouvelables ? De fait, elles sont nulles.

Doubler la taille de la ferme éolienne doublera la production pendant les périodes bien ventées où un surcroît de puissance éolienne n'est pas nécessaire, car elle dépasse déjà la demande et la capacité de stockage hydraulique, mais cela n'aura qu'un faible impact pendant les périodes de faible vent où plus de puissance éolienne serait nécessaire (deux fois rien, ce n'est pas grand-chose). La taille des réservoirs devrait être augmentée au point de pouvoir stocker assez d'énergie pour faire face à une période de vents faibles pouvant durer jusqu'à cinq mois. Les conditions de stabilité du réseau imposent de pouvoir se débarrasser de la puissance éolienne lorsqu'elle est excédentaire, et même si ce problème était réglé, la centrale ne serait toujours pas capable de s'approcher d'une production 100 % renouvelable tout au long de l'année.

Gorona del Viento apparaît donc comme un projet mal conçu, surmédiatisé, et qui n'a aucune chance d'atteindre son but. D'un coût de plus de 80 millions d'euros – dont 35 en provenance de l'Europe – fournissant une électricité au prix de 800 € par MWh, soit 8 fois plus qu'en France et 4 fois plus qu'en Allemagne, ce n'est pas non plus un projet bon marché. En tant que projet phare, destiné à montrer comment le monde pourrait se fournir en électricité 100 % renouvelable, il échoue totalement.

Ce qu'il révèle, en revanche, c'est la difficulté de mettre en place un système électrique comportant une large part de renouvelables – difficultés que les enthousiastes des renouvelables prennent rarement en considération lorsqu'ils se font les avocats d'un futur énergétique basé principalement sur l'éolien et le solaire.

Retour à Paris.

11 mai 2016

Pour aller plus loin

`http://euanmearns.com/`

8
Qu'est-ce qu'un trou noir ?

Pour cette chronique contemplative, j'hésitais entre deux sujets. Le premier, familier, mais sur lequel on ne se fait pas toujours les bonnes représentations : l'énergie ; l'autre, dont on n'a aucune expérience directe, mais dont le nom évoque le mystère : un trou noir. Une personne qui m'est proche, et à laquelle je soumettais hier mon hésitation, m'a fait pencher pour le second sujet. D'autant que s'y attache un certain défi : comment faire comprendre à des non-spécialistes [1] *une notion dont on ne peut développer aucune intuition par notre expérience du monde ? Tentons le coup.*

Commençons par une notion dont nous pouvons avoir une perception assez claire : celle de « vitesse de libération ». Lorsque nous lançons un objet à la verticale, il atteint une hauteur reliée à la vitesse que nous lui avons donnée. En effet, une fois lancé, il n'est plus soumis qu'à l'attraction de la Terre, si bien qu'au cours de la montée sa vitesse va diminuer jusqu'à s'annuler au point le plus haut, puis l'objet va redescendre et repasser par

1. Dont je suis.

sa position initiale avec la même vitesse qu'au début (si l'on néglige les frottements de l'air).

Ici se glisse une première subtilité : en fait, la hauteur maximale atteinte ne dépend pas de la masse de l'objet, elle ne dépend que de sa vitesse initiale et de la masse de la Terre. Pourquoi ? Lançons avec la *même vitesse* deux objets de masses différentes. On pourrait penser que le plus lourd va monter plus haut, car il faut une force plus grande pour le ralentir (pensez à la force qu'il faut déployer pour ralentir un caddy au marché, suivant qu'il est vide ou plein). Mais justement, l'attraction gravitationnelle de la Terre est proportionnelle au produit de la masse de la Terre *par celle de l'objet.* S'il est plus lourd, il est plus difficile à freiner, mais la force attractive agissante est plus grande dans la même proportion. CQFD. Tout le monde suit ? On continue.

Si je lance l'objet avec une vitesse plus grande, il va atteindre une altitude supérieure.

Et maintenant vient la question de la vitesse de libération : est-il possible de lancer l'objet avec une vitesse telle qu'il ne retombe pas, qu'il s'en aille à l'infini ? Mais oui. Et quiconque a lu l'album de Tintin *Objectif Lune* sait que cette vitesse est de 11,2 km/s.

Mais attention, cela vaut pour une Terre toute seule dans l'Univers. L'objet qui s'éloigne de la Terre va être influencé par la gravité du Soleil, même si celui-ci se trouve à 150 millions de kilomètres de la Terre. Et pour s'en aller à l'infini *en tenant compte du Soleil,* il faut communiquer à un objet qui se trouve à la surface de la Terre une vitesse initiale d'environ 40 km/s.

Généralisons. La vitesse de libération d'un objet se trouvant à la surface d'une étoile dépend de la masse de l'étoile et de sa taille ; plus précisément, elle varie comme la racine carrée de la masse de l'étoile divisée par son rayon, racine de M sur R, comme on dit.

Nous avons maintenant ce qu'il faut pour aborder – dans le cadre de la mécanique classique *non relativiste* – la notion de trou noir. En effet, rien ne limite a priori la valeur du rapport M/R. Et si ce rapport devient suffisamment grand, la vitesse de libération va atteindre la vitesse de la lumière, laquelle, comme on le sait depuis Einstein, est une vitesse indépassable. Dans ce cas, rien ne peut s'éloigner à l'infini de l'étoile, pas même la lumière. De loin, on ne reçoit donc rien de cet objet. Or quelque chose qui n'émet aucune lumière apparaît bien *noir* [2]. D'où le noir du trou noir.

Mais pourquoi trou ? En fait, l'image n'est pas bonne, pour autant qu'un trou évoque une absence de matière, alors que le trou du trou noir est en fait... plein de matière. Évidemment, un *plein* noir, ça n'irait pas, d'abord parce que ça n'évoque aucun mystère, et aussi parce que ce plein... n'est pas plein, il y a encore de la place : en effet, ce *truc* noir est capable d'absorber la matière qui passe dans son voisinage, et ainsi de grossir, d'augmenter sa masse. Vous voyez la difficulté du choix de la terminologie, n'est-ce pas ?

Bien, progressons. Jusque là, nous n'avons discuté que la *possibilité* d'un trou noir. Mais la possibilité d'un trou noir, ce n'est pas encore un trou noir !

2. Le soleil noir de la mélancolie ?

En fait, il existe trois types de trous noirs.

Le premier type, ce sont les trous noirs stellaires, ceux qui résultent de l'effondrement d'étoiles massives (plusieurs fois la masse du Soleil). Le second, ce sont les trous noirs qu'on trouve au centre des galaxies. Le troisième type, plus spéculatif, ce sont les mini-trous noirs qui ont pu se former juste après le Big-Bang, il y a 13,7 milliards d'années. Passons-les en revue dans l'ordre.

Une étoile se maintient en équilibre parce que la pression du gaz qui la constitue contrebalance la tendance à l'effondrement due à la gravitation. Cette pression se maintient grâce à l'énergie libérée lors des réactions de fusion nucléaire qui ont lieu au centre, et qui produisent des noyaux de plus en plus lourds. Ces réactions libèrent de l'énergie jusqu'à la synthèse de noyaux de fer, après quoi les réactions nucléaires absorbent de l'énergie au lieu d'en produire. Rien ne peut s'opposer alors à l'effondrement gravitationnel, et après plusieurs épisodes que je ne détaille pas ici, il se peut qu'un trou noir se forme. La masse du trou noir est au moins d'environ 3 masses solaires. Passons au second type.

Au centre des galaxies, on trouve des trous noirs qui sont de véritables monstres. Celui qui a été identifié au centre de la Voie Lactée a une masse égale à plusieurs millions de fois celle du Soleil ! Comment le savons-nous ? En observant tout simplement le mouvement des étoiles autour du trou noir. Nous avons vu que le mouvement d'un objet autour d'un centre attracteur gravitationnel ne dépend que de la masse de ce centre. En suivant des trajectoires elliptiques d'étoiles autour de ce centre, – à 30 000 années lumières de distance, c'est cela le tour de force ! – on a pu déterminer sa masse, et en évaluant sa taille, conclure qu'il s'agit bien d'un trou noir. On ne sait pas comment des trous noirs aussi gigantesques se forment – mais leur effet sur les étoiles de leur voisinage ne fait pas de doute.

Dernière catégorie, des mini-trous noirs ont pu se former au tout début du Big Bang. Comme ce n'est que le rapport masse sur rayon qui intervient, un trou noir peut être léger, pourvu qu'il soit suffisamment petit. Stephen Hawkins a prévu en 1975 que de tels trous noirs pouvaient exister, qu'ils étaient instables et s'évaporaient d'autant plus rapidement qu'ils étaient légers. Mais comme on n'en a jamais détecté, nous allons nous arrêter là...

Vous voyez qu'il en est des trous noirs comme de toute connaissance : on en apprend, mais la connaissance nouvelle apporte au moins autant de questions nouvelles qu'elle apporte de réponses. Le processus n'a pas de fin, et comme il est infini, nous n'allons pas nous ennuyer.

Woody Allen prétend que l'éternité, c'est-à-dire l'infini, c'est long... surtout vers la fin. Une autre façon de dire, c'est qu'on n'en est toujours qu'au début.

25 mai 2016

Pour aller plus loin

Site où l'on peut observer les enregistrements des trajectoires d'étoiles proches du centre de notre galaxie :

http://www.mpe.mpg.de/369264/Dance_of_Stars

9

Que faire de la peur ?

On trouve, dans le numéro du Monde du 28 mai 2016, ce titre inquiétant : « *Une étude américaine renforce les soupçons d'un lien entre cancers et téléphonie mobile.* » Il s'agit des résultats préliminaires d'une étude du National Toxicology Program, qui a duré deux ans et demi et coûté 20 millions de dollars, sur des groupes de 90 rats soumis à un régime intense de radiofréquences semblables à celles utilisées dans la téléphonie mobile aux États-Unis.

Deux types d'effets sont analysés : les gliomes cérébraux (cancers) et les schwannomes cardiaques. L'effet sur les gliomes est trouvé faible, celui sur les schwannomes cardiaques mieux établi... mais le schwannome n'est pas un cancer, c'est une tumeur bénigne ! Passons sur l'erreur du journaliste. Le corps entier des rats était exposé tout au long de leur vie, 18 heures par jour, suivant un cycle de 10 minutes d'exposition et 10 minutes sans exposition.

Que tirer d'une publication si partielle que le CIRC, le Centre international de recherche sur le cancer, préfère attendre la publication de l'ensemble des résultats pour les commenter et formuler des recommandations ?

Quelques remarques.

Cette étude ne permet en fait aucune conclusion quant à l'exposition aux portables (ou aux antennes relais), lesquels délivrent une exposition bien différente. En effet, le corps des rats était exposé tout entier de manière homogène, alors que l'exposition au portable concerne essentiellement la tête, ce qui permet à la circulation sanguine de maintenir la température des zones les plus exposées à une valeur pratiquement normale.

D'autre part, la puissance du rayonnement pour une exposition de l'ensemble du corps était, selon les groupes de 90 rats, de 1,5, 3 et 6 W/kg, alors que la réglementation limite l'exposition humaine de l'ensemble du corps à 0,08 W/kg, soit respectivement 18, 37 et 75 fois moins !

L'exposition des rats peut en revanche être comparée à celle des antennes relais, lesquelles entraînent également une exposition homogène de tout le corps. Cette dose ne dépasse pas 0,16 mW/kg pour 97 % des antennes, soit respectivement 9 375, 18 750 et 37 500 fois moins que les rats pendant les périodes d'exposition. L'hypothèse d'effets thermiques, liés au seul échauffement des animaux exposés à de tels niveaux, doit donc impérativement être étudiée.

Globalement, les résultats de cette étude préliminaire sont fort étonnants et en contradiction avec de nombreuses études animales antérieures. En effet :

– les rats *non exposés* vivent moins longtemps que les rats exposés, alors qu'en toute logique, ce devrait être l'inverse ; les auteurs ne donnent

pas d'explication à cette observation, sinon un artifice statistique peu convaincant ;
- seuls les rats mâles présentent significativement plus de tumeurs, au plus haut niveau d'exposition (6 W/kg), sans explication ;
- des faux positifs (résultats dus au simple hasard) sont possibles au vu du très faible nombre de cas observés par groupe et du faible nombre de tests.

Assez pour les rats, passons à l'homme. Si vous vous reportez au site des Robins des Toits, vous apprenez que la norme préconisée par cette association est exprimée en volts par mètre (V/m) : le champ électrique associé aux ondes de téléphonie mobile ne devrait pas dépasser 0,6 V/m, alors que la norme est en France de 40 V/m. D'où viennent ce chiffre de 0,6 V/m et cette préconisation ?

J'ai été associé, il y a 4 ans, à une conférence citoyenne organisée par la Mairie de Paris sur les ondes de téléphonie mobile [1]. Je faisais le premier cours sur les ondes électromagnétiques. À cette occasion, je me suis intéressé à l'origine de ce chiffre, inchangé depuis presque 20 ans. Voici ce qu'il en est – sans entrer dans la physique des ondes.

Premier acte. Clinique psychiatrique de l'université de Mayence (Allemagne), 1996. Deux chercheurs, Mann et Röschke, entreprennent une étude sur les effets des

---

1. Un panel d'une quinzaine de citoyens « représentatifs » de la population disposent de quelques mois pour rédiger des recommandations sur un sujet, après avoir suivi un ensemble d'exposés d'experts. Ils ont la possibilité d'auditionner toute personne qu'ils jugent pertinente pour éclairer leur avis.

ondes sur le sommeil d'individus en bonne santé. Ils enregistrent leurs électroencéphalogrammes sous exposition, et décèlent certaines modifications, notamment une réduction de la période du sommeil qui est accompagnée de mouvements rapides des yeux. Leur étude, publiée dans une revue médicale autrichienne, conclut à la nécessité de poursuivre ces travaux préliminaires.

Sur la base de cette publication, deux membres du Département de santé publique de Salzbourg (Autriche), proposent une norme qui, exprimée en termes de puissance par unité de surface, est de 1 milliwatt par mètre carré (mW/m^2). Ce chiffre est obtenu en utilisant un coefficient de sécurité de 500, c'est-à-dire en divisant par 500 la valeur utilisée par Mann et Röschke, qui est de 0,5 W/m^2. C'est cette puissance de 1 mW/m^2 qui, convertie en champ électrique, donne le fameux 0,6 V/m.

Deuxième acte. Mann et Röschke s'associent à trois autres chercheurs de la même Clinique psychiatrique de Mainz, et publient en 1998 dans la revue *Bioelectromagnetics* une étude similaire à la première, mais avec une valeur de la puissance des ondes par unité de surface 2,5 fois moins intense que la première. Cette étude ne permet d'observer aucun des effets de la première. Explication possible : la réduction de la dose délivrée, qui ne permettrait pas de mesurer des effets statistiquement significatifs.

Troisième acte. En 2000, une équipe composée de Wagner, Röschke et 5 autres chercheurs publie dans la revue *Neuropsychobiology* une étude où la puissance des ondes auxquelles les dormeurs sont soumis est de

50 W/m^2, soit 100 fois la puissance de la première étude. Les chercheurs concluent que « *les résultats n'ont montré aucun effet significatif de l'exposition au champ, qu'il s'agisse des paramètres conventionnels de sommeil ou du spectre en puissance de l'électroencéphalogramme* ».

Résumons. Une première étude semble voir un effet des ondes de téléphonie mobile sur le sommeil, deux études ultérieures, l'une avec une puissance 2,5 fois plus faible, l'autre avec une puissance 100 fois plus forte, ne voient rien. Voilà toute l'histoire factuelle du 0,6 V/m.

Que conclure ?

Le travail scientifique a des critères de validation. S'il s'agit d'une expérience, il faut qu'elle soit *reproductible*. Sans l'exigence de reproductibilité, pas de technologie efficiente, et le monde autour de nous s'effondre. Sans elle, les avions tomberaient comme des mouches, les bateaux flotteraient comme des fers à repasser. Dans le cas présent, nous sommes clairement dans le cas d'une expérience non reproductible, donc d'un effet non mis en évidence, d'un non-effet. La revendication du 0,6 Volt par mètre n'a donc aucune base scientifique.

Mais la peur, une certaine peur existe, et cette peur est bien réelle : ses effets, eux, sont mesurables sur les individus qui la vivent. La vraie question devient alors celle-ci : que faire, lorsqu'une peur est là, même s'il est avéré que son point d'ancrage proclamé n'a pas de fondement ?

8 juin 2016

Pour aller plus loin

Intervention lors du panel de citoyens organisé par la Mairie de Paris, 2009 :

http://www.dailymotion.com/video/xa0vx7_090425-intervenant-m-jacques-treine_tech

10
Le proche et le lointain

Mac Gyver ou Stephen Hawking ? Objets familiers ou cosmologie ? Le proche ou le lointain [1] ?

On connaît le succès des livres qui racontent, souvent avec beaucoup de talent, ce que l'astrophysique nous a appris concernant l'histoire de l'univers observable. Avant tout, qu'il a une histoire. Étonnement toujours renouvelé de voir s'accumuler à la fois les traces de cet écoulement du temps et les tentatives d'en restituer la continuité. Or l'interrogation qui, chez le non-spécialiste, s'accroche à la cosmologie, s'apparente plus souvent à celle associée aux grands mythes qu'à l'interrogation scientifique proprement dite. Les grands mythes ont toujours proposé des histoires du monde naturel. Si nous sommes là, c'est que nous avons été dans le désir de quelque chose de plus grand que nous, et l'histoire du monde est celle de ce désir. Puisque nous naissons, il faut bien que le monde naisse : faisons naître le monde, notre existence en découlera et deviendra nécessaire. Puisque nous mourrons, il faut bien que le monde ait une fin :

1. Cette chronique reprend en partie la préface rédigée pour l'ouvrage de R. Lehoucq, E. Kierlick et J.-M. Courty, *Les lois du monde*, Belin, 2003.

donnons sens à la fin du monde, et notre mort sera plus douce. D'autres joueront avec un monde éternel, ou périodique, et broderont sur la réincarnation. L'affaire est cousue de fil blanc, et même quand la broderie est superbe, elle n'initie aucun regard de physicien, nous le savons depuis Galilée.

Et puis voilà qu'au XXe siècle, un récit des origines a émergé de la physique : l'observation en 1964 du fond de rayonnement cosmique est venue donner corps à la théorie du Big-Bang ! La physique allait-elle fournir le nouveau mythe ? Pourtant, de cette rencontre entre les interrogations existentielles : *Qui sommes-nous ? D'où venons-nous ? Où allons-nous ?*, questions auxquelles Pierre Dac, dans sa grande sagesse, répondait : *je suis moi, je viens de chez moi, et j'y retourne*, de cette rencontre, disais-je, le message scientifique ne sort pas toujours indemne. Car ce message est constitué autant des méthodes utilisées que des réponses qu'il contient. Or les méthodes de l'astrophysique, qu'il s'agisse d'instrumentation ou de théorie, sont très largement hors de portée du lecteur non spécialiste : cette physique du lointain, dans le temps ou dans l'espace, est ardue. Le lecteur ne peut que la recevoir comme elle se présente, il est incapable d'en jouer. Comment, par exemple, intégrer dans la culture le fait que l'Univers primordial a connu, semble-t-il, une phase d'expansion dite « *inflationnaire* », qui a fait croître ses dimensions de façon exponentielle ? C'est une information qu'on enregistre, mais que peut-on en faire ? Qu'en est-il, alors, de la formation à l'exercice de la pensée critique ?

La démarche alternative de vulgarisation, tout aussi propice au développement d'une pensée contemplative, consiste à accrocher notre curiosité à des objets proches, quotidiens.

Exemple.

Soit un lac de montagne. Soit un bac à glace dans un réfrigérateur. Dans les deux cas, l'eau gèle par le dessus. Pour le lac de montagne, on voit bien que la couche de glace est peu épaisse, et d'ailleurs le manteau neigeux contribue à isoler l'eau de l'air froid qui se trouve au dessus. La conséquence – ce n'est évidemment pas un détail – c'est que les poissons peuvent continuer à vivre jusqu'au printemps prochain ! Quant au bac à glace, chacun en a fait l'expérience désagréable en le retirant un jour du frigo avant que les glaçons ne soient complètement formés : on croit qu'ils le sont – car le dessus est gelé – et en essayant de retirer un glaçon on brise la fine couche de glace, et l'eau vous saute à la figure. Mais pourquoi l'eau gèle-t-elle par le dessus ?

Pour la plupart des corps, la phase solide est plus dense que la phase liquide, si bien qu'un germe solide se forme ou se dépose au fond. Mais pour l'eau, en dessous de 4 °C, au lieu de se contracter, l'eau se dilate. Étant moins dense que l'eau moins froide, elle monte (par poussée d'Archimède) et reste à la surface, si bien que c'est là que la glace va commencer à se former – et y rester, comme le font les icebergs en mer... Mais pourquoi cette anomalie ? Il nous faut plonger dans le monde quantique. La balade va devenir plus rude, mais c'est aussi son intérêt.

Ce sont les liaisons appelées *liaisons hydrogène* qui sont en jeu. De quoi s'agit-il ? Les électrons des atomes s'organisent en couches qui peuvent en loger un nombre déterminé : 2 pour la première couche, 8 pour la seconde, 18 pour la troisième, etc. L'hydrogène ne possède qu'un électron dans la première couche, l'oxygène en comporte 2 dans la première et 6 dans la seconde. Mais 2 atomes d'hydrogène et 1 atome d'oxygène peuvent se rapprocher, de sorte que l'oxygène complète statistiquement sa deuxième couche à 8, tout en se trouvant globalement *en excédent* de 2 électrons, tandis que chaque hydrogène se retrouve *en manque* d'un électron. C'est ainsi que se forme une molécule d'eau.

Oui, mais l'excédent de l'oxygène d'une molécule d'eau peut venir combler le manque des hydrogènes de 2 autres molécules qui se trouvent dans le voisinage ! Les liaisons ainsi formées forcent les molécules d'eau à se placer à une distance qui se trouve être supérieure à ce qu'elle est dans l'empilement géométrique des molécules d'eau, d'où une densité plus faible. Cette liaison entre molécules, dite liaison hydrogène, est de faible intensité, et peut être rompue par l'agitation thermique – sauf quand celle-ci diminue suffisamment : c'est ce qui se passe en dessous des 4 °C que j'ai mentionnés. Des agrégats de molécules d'eau se forment et se défont ainsi en permanence, d'autant plus stables que la température diminue, jusqu'à formation de la phase solide – la glace, où tout se fige.

Vous voyez qu'à l'aide de la clef mentale que représente la liaison hydrogène – très importante en biologie – temps et distance sont subitement abolis : l'image du glaçon se projette sur celle du lac de montagne, le lac s'engouffre dans le réfrigérateur, montagnes et nuages compris, et la promenade devient comme un jeu, où il s'agirait de reconnaître, sous des déguisements toujours nouveaux, un même morceau de nature qui jouerait avec nous à changer d'apparence : ici, le changement de phase de l'eau.

Tant il est vrai, comme disait Jean Perrin, que la science cherche à remplacer du visible compliqué par de l'invisible simple – ce qui se fait en recherchant avec obstination de l'identique dans le divers.

22 juin 2016

11
L'énergie, et son stockage

Retour aux sources. On parle de l'énergie comme si c'était une *chose* : on la produit, on la consomme, il existe un marché de l'énergie, on cherche à la stocker, etc. Sans chercher à faire la police des mots, il convient tout de même, de temps en temps, de mettre les choses à plat pour savoir de quoi on parle et quelles sont les conventions de langage.

En réalité, nous ne vivons pas d'énergie, nous vivons de *transformer la matière.* Regardez autour de vous : partout, vous voyez des matières premières transformées. Prenons le premier besoin, celui de se nourrir. Sur un paquet de corn-flakes, on trouve sa « valeur énergétique ». Pourtant, si on verse son contenu, on ne voit pas sortir de l'énergie, on voit sortir... des corn-flakes. En les ingérant, nous leur faisons subir une série de *transformations chimiques* qui permettent de maintenir notre corps à 37 °C, de remplacer nos cellules, et de faire fonctionner nos muscles. Autre exemple : je lâche un objet d'une certaine hauteur. Il *perd de l'altitude* car il est attiré par la Terre, il *gagne de la vitesse* car l'exercice d'une force change l'état de mouvement de l'objet sur lequel elle s'exerce. C'est une transformation *physique* que l'on décrit sans avoir besoin d'utiliser le mot énergie. Mais si l'on pose la question : y a-t-il une relation *quantitative* entre la perte d'altitude et le gain de vitesse ? La réponse est oui, et elle s'exprime sous forme d'une relation *mathématique* qui, en mots, donne ceci : le produit de la masse par l'accélération de la pesanteur et par la hauteur de chute, Mgh, est égal à la moitié de la masse multipliée par le carré de la vitesse, $\frac{1}{2}Mv^2$. Ouf...

Une relation de ce type est tellement remarquable qu'on donne un nom à chacun des termes : Mgh, on appelle ça énergie potentielle gravitationnelle. $\frac{1}{2}Mv^2$, c'est l'énergie cinétique. $Mgh = \frac{1}{2}Mv^2$ exprime que ce qui a été perdu sous forme d'énergie potentielle se retrouve exactement gagné sous forme cinétique. L'énergie, c'est donc une grandeur physique qui permet d'*accrocher des nombres* aux transformations de la matière ? Mais à quoi cela sert-il ? En particulier, à dimensionner nos systèmes énergétiques. Imaginons qu'on veuille alimenter le réseau avec une centrale hydroélectrique. L'eau d'un barrage va passer dans des canalisations – *elle perd de l'altitude, elle gagne de la vitesse* – et va mettre en rotation des turbines sur lesquelles sont disposés des aimants permanents, dont le déplacement à proximité d'un conducteur va mettre en mouvement des électrons dans des fils de cuivre. L'énergie électrique ainsi produite a donc pour origine l'énergie potentielle de l'eau du réservoir, et la puissance de l'installation est liée au débit d'énergie cinétique de l'eau au niveau des turbines. La France, par exemple, dispose de 25 GW de puissance hydroélectrique, livrant environ 70 000 GWh d'énergie par an, soit environ 12 à 14 % de la consommation annuelle d'électricité.

Une source d'énergie, c'est donc un système susceptible d'*enclencher* une série de transformations physiques ou chimiques, et c'est ainsi qu'on est amené à dire que l'énergie elle-même *se transforme.*

Qu'est-ce donc que stocker de l'énergie ? C'est remonter une partie de la chaîne des transformations jusqu'à la source. Aujourd'hui, le moyen de stockage le plus efficace s'appelle une STEP : station de transfert d'énergie par pompage. Lorsque l'eau d'un barrage a actionné les turbines, au lieu de la laisser s'échapper dans la rivière, on la recueille dans une retenue. Lorsqu'on dispose d'un excédent d'électricité – la nuit, par exemple – on remonte l'eau dans le réservoir haut à l'aide de pompes. On recrée Mgh en dépensant une quantité équivalente (aux pertes près) d'énergie électrique sans attendre que la pluie s'en charge. En France, nous disposons d'environ 5 GW de STEP. La Suisse nous achète de l'électricité excédentaire à bas prix pour remonter l'eau dans ses STEP, et revend au prix fort l'électricité qu'elle turbine aux heures de pointe. C'est réglo.

Un moyen de stockage dont on parle beaucoup aujourd'hui est le stockage dans des batteries électrochimiques. Deux utilisations principales sont envisagées : la voiture électrique, et l'intégration des énergies renouvelables, éolienne et photovoltaïque, au réseau. Voyons un peu l'une et l'autre.

Dit rapidement, une batterie est un système chimique

hors équilibre. La chimie, c'est la discipline qui s'occupe de la façon dont des édifices moléculaires se font et se défont par échange et circulation d'électrons entre les atomes. Lorsqu'on branche la batterie, elle évolue vers l'équilibre par circulation d'électrons, et on s'arrange pour que cette circulation ait lieu hors de la batterie, ce qui permet de disposer de courant électrique. La batterie est à plat lorsque l'équilibre est atteint. Recharger la batterie, c'est rétablir le déséquilibre initial, ce qui nécessite de faire appel à une autre source de courant. En ce sens, une batterie n'est pas une *source primaire* d'énergie.

Aujourd'hui, nous disposons à l'échelle mondiale d'environ 500 GWh sous forme de batteries dont, en gros, 90 % de batteries au plomb et 10 % de batteries au lithium. Le nombre de cycles charge/décharge est limité : mille en moyenne, quelques milliers pour les meilleures batteries.

Si l'on envisage de développer une flotte de voitures électriques, disons un milliard de voitures, de quelle énergie faut-il disposer sous forme de batteries ? Avec des batteries de 20 kWh – comme pour la voiture Zoé – cela fait 20 000 GWh, soit 40 fois ce qui existe aujourd'hui. C'est beaucoup. Cela représente environ 1 à 2 million de tonnes de lithium, alors qu'on en extrait 25 000 tonnes par an aujourd'hui. C'est donc encore beaucoup. Mais en quelques décennies, c'est peut-être possible, d'autant que des recherches sont menées pour trouver des éléments utilisables pour des batteries plus abondants sur Terre que le lithium.

Voyons maintenant ce qu'il en est des besoins pour l'intégration des énergies renouvelables intermittentes. Ces sources produisent *indépendamment* des besoins : personne ne commande à Éole, aux nuages ou à la nuit. Autrement dit, elles produisent parfois trop, et parfois pas assez. Pourquoi ne pas stocker quand il y en a trop, et s'en servir quand il y a manque ? Bonne idée. Il faut donc évaluer, au cours d'une année, la *dynamique des manques et des excès*. C'est ce qu'ont fait des collègues de Grenoble : ils ont envisagé un mix français avec 50 % de nucléaire, 15 % d'hydroélectricité-déchet-biomasse, et 35 % d'éolien-photovoltaïque. Le manque cumulé, en se basant sur les caractéristiques de l'année 2013, est d'environ 15 TWh (sur une consommation annuelle de 550 TWh). Oui, 15 térawatt-heures, soit 30 fois l'énergie de *toutes les batteries du monde* – pour un seul pays. Impossible !

Voilà pourquoi l'Allemagne, qui a développé une grande puissance éolienne et solaire, ne diminue pas ses émissions de gaz carbonique. Pour pallier l'intermittence, elle n'a pas recours à des batteries, elle a recours au charbon et au lignite...

6 juillet 2016

Pour aller plus loin

D. Grand, C. Le Brun et R. Vidil, *Intermittence des énergies renouvelables et mix électrique,* Techniques de l'ingénieur, 10 juillet 2015.

J. Treiner, *Stockage de l'énergie : comment le dimensionner ?,* http://www.techniques-ingenieur.fr/actualite/livre-blanc/stockage-energie-dimensionner-40929/

12

Combien serons-nous en 2050 ?

Comment procèdent les démographes pour anticiper les évolutions futures de la population ?

Et d'abord, sont-ils capables de retracer son évolution passée ? Le recensement de la population est une pratique aussi vieille que l'existence des États. Prélever des taxes, lever une armée, effectuer des grands travaux, autant de raisons pour un pouvoir central de chercher à déterminer le nombre de ses sujets. D'ailleurs le terme « statistique » ne signifie-t-il pas « relatif à l'État » ? On a ainsi trace de recensements de population pratiqués par la plupart des civilisations s'étant dotées de pouvoirs centralisés : Sumer, Égypte, Chine, Inde.

On trouve des recensements de population même dans des livres religieux. Dans l'Ancien Testament, par exemple, le Livre des Nombres commence par un recensement, demandé par Yahvé deux ans après la sortie d'Égypte. Dans chaque tribu, tous les hommes de plus de 20 ans, donc aptes à porter des armes, sont recensés. Le recensement est précis, et le chiffre total est de 603 550. Les Lévites ne sont pas recensés, car ils sont affectés à la garde et à l'entretien de la « Demeure », ce lieu de rendez-vous où Moïse rencontre Yahvé quand l'un, ou l'Autre, estime que c'est nécessaire... Ne prenons cependant ni ce chiffre ni l'événement trop au sérieux. En incluant femmes et enfants, cela ferait plus de deux millions de personnes qui sortent d'Égypte et errent dans le désert du Sinaï pendant 40 ans. Pourtant aucun document historique de l'époque ne mentionne leur présence, et les recherches archéologiques, jusqu'aux plus récentes, n'ont décelé aucune trace de leur passage dans ce lieu pourtant fréquenté par les armées et les caravanes. Prenons le récit pour ce qu'il est : une légende écrite plusieurs siècles après l'époque où elle situe les événements qu'elle relate. Reste, chez les rédacteurs, le besoin d'indiquer un recensement.

Dans le Nouveau Testament, l'Évangile de Luc mentionne que Jésus naît alors que l'on procède au recensement effectué sous le roi Hérode (d'où une information intéressante : on sait qu'Hérode est mort en l'an –4, c'est-à-dire en 4 av. J.-C. Si l'on croît le récit de Luc, Jésus est donc né au moins 4 ans... avant sa naissance. Passons.)

Comment faire pour la préhistoire, pour laquelle on ne dispose d'aucun document écrit, fiable ou pas ?

Des estimations ont été faites, avec plus ou moins de précision, pour l'ensemble de la planète. L'idée derrière les divers indicateurs utilisés pour reconstituer le nombre d'individus vivant à une époque donnée consiste à estimer les ressources alimentaires disponibles là où l'on trouve des traces de peuplement, étant entendu que chaque individu a besoin d'environ 2 500 kcal par jour pour vivre. Les indicateurs en question sont de toute nature : depuis la comparaison avec des peuples primitifs actuels vivant dans des conditions climatiques et techniques semblables à tel peuplement passé jusqu'à l'examen des poubelles fossiles laissées par nos ancêtres : dis-moi ce que tu jettes et je te dirai ce que tu manges, et en quelle quantité.

Si l'on se limite aux derniers 70 000 ans, la reconstitution fait apparaître trois périodes d'augmentation rapide de la population, associées chaque fois à des progrès techniques. La population mondiale qui, au début de la période, fluctuait selon les aléas climatiques autour de quelques dizaines de milliers d'individus, franchit le cap du million grâce aux innovations concernant les outils au néolithique supérieur, vers −40 000 ans, puis le cap de la dizaine de millions grâce à l'agriculture de la révolution néolithique, commencée vers −7000. En l'an zéro, 100 millions. La mobilisation de diverses sources d'énergie, notamment les moulins à eau au Moyen Âge, associée au développement de la métallurgie, a fait que vers 1650, la population mondiale atteint 500 millions d'individus, et un milliard vers 1850. Mais avec la révolution industrielle – c'est notre troisième période – l'évolution est plus rapide qu'une croissance exponentielle. Une évolution exponentielle est caractérisée par un temps de doublement constant. Or, s'il a fallu 200 ans pour que la population de l'an 1650 double, le temps de doublement actuel n'est plus que de 40 ans ! Va-t-il encore se réduire ? Même s'il restait constant, nous serions 14 milliards en 2050, 28 milliards à la fin du siècle. Faut-il réellement envisager de faire croître en proportion l'habitat, les ressources en nourriture, en énergie ?

Les démographes ne le pensent pas. Ils s'appuient pour cela sur ce que l'on observe dans toute société qui passe d'un état peu développé – sur le plan scientifique, technique et culturel – à un état de richesse relative : ce qu'ils appellent la *transition démographique*.

Les deux paramètres qui règlent de façon globale l'évolution d'une population sont le taux de natalité et le taux de mortalité.

Dans une société peu développée, ces deux taux sont élevés. Le taux de natalité est élevé car rien ne vient entraver les possibilités naturelles de l'espèce. Il n'était pas rare, au XIXe siècle ou au début du XXe siècle, qu'une femme mette au monde plus de dix enfants. Le taux de mortalité était aussi élevé, variant selon les fluctuations des ressources alimentaires, et en raison d'une mortalité élevée au cours des premières années de la vie. La mortalité périnatale reste élevée très tardivement dans l'histoire : naître est toujours un événement à risque. En France, dans les années 1875, plus de 15 % des nouveau-nés mouraient dans leur première année, 150 pour 1000 ! Ces taux de mortalité élevés expliquent que le taux de croissance de la population, égal à la différence entre le taux de natalité et le taux de mortalité, reste faible : la population est stable ou augmente lentement.

Avec le développement de l'hygiène, de la médecine, l'accès à une eau propre, puis l'introduction des antibiotiques et des vaccins, le taux de mortalité diminue, et notamment le taux de mortalité périnatal. En 1975, toujours en France, le taux de mortalité périnatal n'était plus que de 11 pour 1000, et en 2004 il était de 3,4 pour 1000.

Si l'abaissement du taux de mortalité relève de gestes essentiellement techniques, faire des enfants a une dimension culturelle qui évolue lentement. Dans une première phase, le taux de naissance reste donc élevé. En conséquence, avec un taux de mortalité qui diminue, le taux de croissance de la population augmente rapidement, et donc la population également. Mais dans une deuxième phase, l'amélioration des conditions de vie, le désir de scolariser les enfants, le prolongement de la durée des études scolaires et l'augmentation de leur coût, et surtout l'élévation du niveau culturel des femmes, tous ces facteurs conduisent à vouloir contrôler la venue des enfants par l'utilisation de moyens contraceptifs : le taux de naissance se met à diminuer. Petit à petit, un nouvel état s'établit, où le taux de mortalité et le taux de natalité sont faibles. Et où par conséquent la population n'augmente plus, voire diminue si le taux de natalité diminue suffisamment. Un exemple : on estime que l'Allemagne va perdre environ 6 millions d'habitants d'ici le milieu du siècle, et va devenir à peine plus peuplée que la France, qui va gagner 6 millions d'habitants.

Où en est-on, de la transition démographique, à l'échelle mondiale ?

Rendez-vous dans quinze jours, pour en faire le point.

20 juillet 2016

13

Combien serons-nous en 2050 ? (suite et fin)

Nous avons vu la dernière fois que l'évolution à moyen terme d'une population pouvait se calculer facilement à partir de la connaissance de deux ensembles de données démographiques : le taux de mortalité par âge et le taux de fécondité par âge. Ça, c'est le principe. Mais pratiquement, comment faire ?

Facile. Il suffit de se rendre sur le site de l'Institut national d'études démographiques. Ouvrez Google, et rendez-vous sur le site `www.ined.fr`. Sur la page d'accueil, cliquez l'onglet TOUT SAVOIR SUR LA POPULATION (en haut à droite), puis sur l'icône LES JEUX, puis sur « Imaginer la population de demain », et enfin sur SIMULATION ONU. À gauche, vous pouvez sélectionner la zone géographique qui vous intéresse (monde, continent, pays), et la pyramide des âges apparaît à droite. Des indicateurs s'affichent à gauche : espérance de vie à la naissance, taux de fécondité moyen (nombre d'enfants par femme). Par exemple, aujourd'hui, la population mondiale est de 7,5 milliards d'individus, l'espérance de vie est de 71,5 ans et le taux de fécondité de 2,48 enfants par femme (rappelons que renouveler la population requiert un taux de fécondité légèrement supérieur à 2). Vous lancez la simulation et observez l'évolution de la pyramide des âges au cours du temps.

Réponse à la question initiale : en 2050, la population mondiale, selon les démographes de l'ONU, sera de 9,7 milliards d'individus, l'espérance de vie sera de 77,7 ans et le taux de fécondité sera de 2,23 enfants par femme.

On constate aussi que la pyramide change de forme. Alors qu'en 2017, elle ressemble à une « vraie » pyramide, avec des côtés pentus, en 2050 elle ressemble plus à une « maison », de forme trapue, avec des côtés presque verticaux et un toit pointu.

Ce changement de forme représente en fait une *transition démographique* à l'échelle mondiale. En effet, la pyramide est obtenue en réunissant les points qui ont pour ordonnée un âge donné et pour abscisse la population ayant cet âge. Une forme pyramidale signale que d'une année à la suivante, le taux de mortalité est important. Avec la transition démographique, les taux de mortalité diminuent, notamment chez les enfants et les jeunes, par conséquent la population d'âge $n + 1$ est pratiquement aussi nombreuse que celle d'âge n. Les gens vieillissent d'un an chaque année, en mourant peu. Au cours du temps, on voit bien, sur la simulation, que la base de la pyramide change de forme. En revanche, le haut de la pyramide se modifie peu, car les taux de mortalité augmentent nécessairement avec la vieillesse – nous finissons tous par mourir.

Cette évolution est encore plus marquée si l'on poursuit la simulation jusqu'en 2100. La population mondiale atteint alors 11,2 milliards d'individus, l'espérance de vie monte à 83,4 ans et le taux de fécondité baisse à 1,98 enfant par femme !

Arrivé à ce point, on se dit qu'il faut aller y voir de plus près, car ne considérer que la moyenne mondiale fait fi des énormes disparités régionales. Par exemple, le taux de fécondité mondial d'aujourd'hui de 2,48 enfants par femme représente une moyenne entre des régions du monde où il est passé en dessous de 2, des régions où il est voisin de 2, et des régions où il est nettement supérieur. Ainsi, le taux de fécondité est de 1,86 en Amérique du Nord et de 1,62 en Europe. Il est de 2,06 en Amérique du Sud et de 2,15 en Asie. Il est de 4,45 en Afrique.

On s'attend à ce que la population augmente le plus là où le taux de fécondité est le plus élevé, et qu'elle diminue là où il est le plus petit (l'augmentation de la durée de vie accentue la tendance dans le premier cas, et l'atténue dans le second). C'est bien ce que montrent les simulations. Ainsi, la population de l'Europe va diminuer au cours du siècle d'environ 100 millions d'individus, alors que la population de l'Afrique, qui est aujourd'hui de 1,2 milliard d'individus, va passer à 2,5 milliards vers 2050 et à 4,4 à la fin du siècle ! L'Asie, en revanche, avec un taux de fécondité de 2,15 et une population de 4,5 milliards, va voir sa population passer par un maximum autour de 5,3 milliards au milieu du siècle, puis se mettre à diminuer et atteindre environ 4,9 à la fin du siècle (avec un taux de fécondité de 1,83 enfant par femme). À la fin du siècle, l'Afrique et l'Asie totaliseront donc autant d'habitants que le monde entier aujourd'hui.

Ces évolutions s'entendent *toutes choses égales par ailleurs* : ce sont des évolutions sans ruptures, sans crise, sans pandémie ni guerre de grande ampleur, des évolutions pacifiées. Elles font l'hypothèse que les tendances observées aujourd'hui peuvent être prolongées dans le futur, et lorsque ce futur va jusqu'à la fin du siècle, il est légitime de se demander quelle est la robustesse de ces simulations à cette échelle de temps. Mais elles aident à la réflexion, à se poser les *bonnes questions*. En particulier, on suppose que les ressources seront disponibles, ressources en eau, en matières premières, en sources d'énergie, pour accompagner ces tendances et, en réalité, les rendre possibles. D'autant que ces besoins dépendent crucialement de la façon dont cette population nouvelle va se répartir entre villes, périphérie des villes, et campagne. De ce point de vue, les taux d'urbanisation constituent, sans doute, des indicateurs parmi les plus pertinents. Les démographes de l'ONU fournissent également ces tendances. Aujourd'hui, plus de la moitié de la population mondiale vit dans les villes, mais cette proportion est de 40 % pour l'ensemble Afrique/Asie, et passera les 50 % d'ici 2030, avec apparition de dizaines de méga-cités dépassant les 10 millions d'habitants. Or le passage de la campagne à la ville s'accompagne d'une augmentation de la consommation d'énergie, due aux besoins de mobilité et aux services publics associés (infrastructures, santé, éducation, etc.).

Il y a donc une dialectique qui s'établit entre la transition démographique – qui tend à réduire le taux de croissance de la population – et l'augmentation de la consommation énergétique liée à l'urbanisation.

Pour finir, tentons d'estimer grossièrement ce que sera la demande énergétique mondiale d'ici le milieu du siècle – cela nous permettra d'ajouter une pointe polémique qui manque dans cette chronique jusque-là neutre. La consommation énergétique mondiale est aujourd'hui de 13 milliards de tonnes-équivalent pétrole (Gtep), pour une population de 7,5 milliards d'individus, soit en moyenne de 1,73 tep par habitant. L'application d'une simple règle de trois, pour 9,7 milliards d'habitants, donne 16,8 Gtep. Mais c'est sans compter l'émergence des pays... émergents : Chine, Inde, Brésil, Afrique du Sud, etc. Satisfaire les besoins fondamentaux d'une proportion croissante de la population pauvre implique une consommation croissante d'énergie. On aboutit ainsi aisément à un besoin d'énergie de l'ordre de 20-25 Gtep.

Or si l'on considère les projections d'ONG telles que le WWF ou Greenpeace, on s'aperçoit que la demande globale d'énergie qu'ils envisagent pour le milieu du siècle est en gros la même qu'aujourd'hui. C'est comme s'ils ne tenaient pas compte de l'augmentation de la population ou de l'augmentation du niveau de vie des pays émergents et pauvres.

En fait, leur calcul est fait à rebrousse-poil. Comme ils n'envisagent que l'utilisation des ressources renouvelables, ils estiment ce qu'il est possible de fournir en poussant au maximum tous les curseurs de ces sources d'énergie, et prennent cette valeur comme estimation des besoins de l'humanité future...

C'est donc contraindre ces besoins bien réels par une limitation idéologique de l'offre. Est-ce bien raisonnable ?

Non diffusé

14
Sérendipité ?

Certains mots ne correspondent pas à ce qu'ils désignent, d'autres y sont miraculeusement adaptés. Ainsi, le mot beau n'est pas beau, mais le mot délicieux est... délicieux, n'est-ce pas ?

Le mot *sérendipité*, en français, sonne mal, probablement à cause de la ressemblance de sa partie terminale avec le mot *dépité,* alors que le mot anglais dont il dérive, *serendipity,* sonne bien à l'oreille – même si l'on ne connaît pas sa signification. Alors quand on la connaît !

La sérendipité désigne la *capacité cognitive à trouver, à découvrir (à la suite d'un incident éventuellement malheureux) ce que l'on ne cherchait pas, à en comprendre l'intérêt et la valeur et à changer illico de stratégie. À l'origine d'un grand nombre de découvertes scientifiques (de l'aveu même de plusieurs prix Nobel), comme la pénicilline, et, en vrac, de la création de McDonald's, de la conception du F-16 Fighting Falcon (l'avion de combat multirôles* [...]*), de tous les édulcorants de synthèse actuellement sur le marché (aspartame, saccharose, etc.), du Viagra, du madère, du Sauternes, des bêtises de Cambrai,* [...] *de la tarte Tatin, etc.* – tout ceci, d'après Jean-Louis Swiners et Jean-Michel Briet, dans leur livre *L'Intelligence créative.*

Je n'ai pas vérifié pour la création de McDo, mais le cas de la pénicilline est bien connu, comme celui de la tarte Tatin (par les demoiselles Tatin, à Lamotte-Beuvron).

L'histoire que je voudrais vous raconter est un superbe exemple de cette disposition d'esprit qui consiste à reconnaître, au cours d'une recherche, que la question qu'on se posait n'était peut-être pas la bonne, qu'il s'en présente une meilleure à laquelle il convient de dédier tous ses efforts sans tergiverser.

Il s'agit de l'une des explications de la fameuse crise survenue il y a 65 millions d'années, au cours de laquelle environ 25 % des espèces – dont les dinosaures, mais pas que – ont disparu brutalement. Comme vous le savez sans doute, on pense aujourd'hui qu'une météorite d'une dizaine de kilomètres de diamètre – c'est à peu près la taille de la comète de Halley – à heurté la Terre dans le golfe du Mexique, provoquant un cataclysme responsable de l'une des plus brutales disparitions massives d'espèces qu'ait connu notre planète. Comment en est-on venu à cette explication ?

Tout commence à la fin des années 1970 à Berkeley, en Californie. Plus exactement au Lawrence Berkeley National Laboratory, un laboratoire dépendant du Département de l'énergie des États-Unis, qui se trouve sur la colline dominant l'université de Berkeley. Là, Luis Alvarez, un expérimentateur et un inventeur hors pair qui a contribué à de nombreux domaines de la physique, qui a participé au projet Manhattan de construction de la première bombe atomique américaine, et qui a reçu le prix Nobel de physique en 1968 pour ses travaux en physique des particules, Luis Alvarez, donc, parle un jour avec son fils Walter des travaux dans lesquels ce dernier est engagé. « *Que fais-tu en ce moment, fils ?* » Walter, géologue, lui montre alors un échantillon de roche provenant du site de Gubbio, au nord de l'Italie, où la limite entre le Crétacé et le Tertiaire est accessible directement à l'observation, car les sédiments marins ont été poussés hors de la mer à la faveur des mouvements tectoniques. À l'œil nu, et mieux encore au microscope, la crise est directement visible : en quelques centimètres de roche, la variété des espèces fossiles du Crétacé disparaît, le foisonnement de la vie a été brusquement interrompu. Entre les sédiments du Crétacé et ceux du Tertiaire, une fine couche d'argile de 2 ou 3 centimètres d'épaisseur marque la transition.

Luis, frappé par ce que son fils lui montre, demande : « *Et combien de temps il a fallu pour que cette couche d'argile se dépose, son ?* »

Walter : « *Personne n'en sait rien, dad.* »

Intrigué, Luis contacte deux radiochimistes du labo, Helen Michel et Frank Asaro, et ils décident de mesurer, par activation neutronique, la quantité d'iridium contenue dans cette couche d'argile. Pourquoi ce choix ? Parce que l'iridium initialement présent lorsque la Terre s'est formée a été entraîné par le fer, avec lequel il forme un alliage, dans le noyau central. L'iridium que l'on trouve à la surface est donc entièrement d'origine météoritique.

En effet, environ 10 000 tonnes de matière météoritique tombent chaque année sur la Terre sous forme de fines poussières. La composition en iridium de ces poussières extra-terrestres reflète la composition de la nébuleuse primitive à partir de laquelle le système solaire s'est formé, car elles sont trop petites pour subir les transformations géologiques que les roches subissent au sein d'une planète, par différenciation : les météorites sont géologiquement inertes. On connaît donc la quantité annuelle d'iridium parvenant à la surface. En mesurant la quantité contenue dans une couche sédimentaire, on détermine donc le nombre d'années écoulées pour former ce sédiment [1]. L'équipe se met au travail – la technique est standard pour ces radiochimistes. Mais ce qu'ils obtiennent les laisse pantois : la concentration en iridium de la couche d'argile est une centaine de fois plus grande que ce qu'ils trouvent dans les sédiments adjacents ! La même mesure, répétée sur deux autres sites où l'affleurement Crétacé-Tertiaire est directement accessible, l'un en Espagne et l'autre au Danemark, confirme l'anomalie. Déplacement de la question initiale. Comment expliquer ces anomalies ? De deux choses l'une : ou bien un mécanisme terrestre particulier a concentré l'iridium dans la couche d'argile, ou bien... ou bien il y a eu un apport brusque d'iridium extra-terrestre. Serendipity, mon cher ! Et pourquoi pas la collision d'une météorite géante,

1. En faisant l'hypothèse d'un flux météoritique constant au cours des âges.

heurtant la Terre à une vitesse de plusieurs dizaines de kilomètres par seconde ?

Quels sont les effets attendus d'une telle collision ? L'énergie libérée par un tel choc est celle de plusieurs millions de bombes atomiques. Citons l'article original des Alvarez et des radiochimistes Michel et Asaro, paru dans la revue *Science* du 6 juin 1980 (et disponible en ligne) : « *Nous faisons l'hypothèse qu'un astéroïde est entré en collision avec la Terre, formant un cratère d'impact et projetant une partie de la matière éjectée du cratère jusqu'à la stratosphère, où elle se répand rapidement autour du globe. Cette poussière parvient à bloquer le rayonnement solaire pendant plusieurs années, jusqu'à ce qu'elle retombe au sol. Le manque de rayonnement solaire supprime la photosynthèse, détruisant la plupart des chaînes alimentaires et provoquant les extinctions d'espèces.* » Il fallait d'abord confirmer la première prédiction du scénario : l'anomalie d'iridium devait se retrouver sur toute la surface de globe. Ce fut rapidement confirmé. Et il fallait aussi découvrir l'endroit de la collision.

On estime qu'une collision de ce type a lieu tous les 100 millions d'années. Les géologues ont identifié, à la surface du globe, près de 200 cratères d'impact d'une taille de plus d'un kilomètre de diamètre. On sait les dater. Celui de la transition Crétacé-Tertiaire a été découvert quelques années plus tard, dans le golfe du Mexique. Il s'agissait d'une formation géologique sous-marine, de 200 kilomètres de diamètre, situé à 20 km de profondeur, connue des pétroliers. Elle n'avait pas été datée. Elle le fut dans les années 1990 : 65 millions d'années. Bingo. De nombreuses autres prédictions de l'hypothèse furent confirmées au cours des années, y compris sur les effets climatiques d'une telle collision. Comme quoi on peut faire de l'astronomie en s'interrogeant sur les propriétés d'une fine couche d'argile enfouie sous des sédiments marins...

Au fait, quelle est l'étymologie du terme sérendipité ? Le terme provient d'un conte persan intitulé « Voyages et aventures des trois princes de Serendip », qui a eu un grand succès en Occident. Le radical *Seren* désigne Ceylan, l'ancien nom du Sri-Lanka. Il s'agit d'une histoire où les trois fils d'un roi, envoyés parcourir le monde pour se former, se retrouvent couverts d'honneurs sans l'avoir recherché, grâce au simple exercice de leur aptitude à interpréter des indices que d'autres n'auraient même pas remarqué.

17 août 2016

Pour aller plus loin

Walter Alvarez, *La fin tragique des dinosaures,* trad. de l'angl. par Jean-Pierre Ricard, Hachette-Littératures, 1998, coll. Pluriel, 2000.

15
A la veille de la COP22

Laurent Fabius, ancien président de la Conférence de Paris sur les Changements climatiques, dite COP21, tire une sonnette d'alarme dans le numéro du Monde du 30 août 2016. Sous le titre « *Dans la lutte contre le réchauffement climatique, le moment est venu d'accélérer* », il fait le bilan des engagements des États neuf mois après la signature de l'accord de Paris, et à trois mois de la COP22 qui se tiendra en novembre à Marrakech.

Rappelant que pour devenir effectif, l'accord doit être ratifié par au moins 55 États représentant 55 % des émissions mondiales de gaz à effet de serre, il remarque que ni la Chine, ni les États-Unis, ni l'Union européenne, ni l'Inde, ni la Russie – les 5 premiers émetteurs mondiaux de gaz carbonique – n'ont encore franchi le pas. Ceux qui l'ont ratifié représentent moins de 2 % des émissions... Il souhaite donc que le prochain sommet du G20, qui va se tenir début septembre 2016 en Chine à Hangzhou, et la COP22 de Marrakech permettent d'accélérer le processus de ratification lui-même, faute de quoi le beau succès diplomatique annoncé à Paris risque de s'estomper et de disparaître comme buée au soleil [1].

Mais il y a plus que cela. Faisons un rapide retour en arrière sur l'accord de Paris. Lors de la COP20 qui eut lieu à Lima, précédant donc et préparant celle de Paris, il fut décidé d'abandonner la logique de négociation entre États et d'opter pour une procédure dite *bottom-up,* dans laquelle chaque État annoncerait les objectifs climatiques qu'il se fixait lui-même. Au cours de l'année 2015, les États ont peu à peu publié leurs *Intended Nationally Determined Contributions* [2] – en abrégé INDC – qui devaient, après ratification post accord de Paris, devenir des NDC, c'est-à-dire des engagements concrets, révisables à la hausse tous les 5 ans à partir de 2025. C'est la lenteur de cette procédure que dénonce Laurent Fabius.

Parallèlement, ces INDC, qui représentent les trajectoires d'émission que les États envisagent à l'échéance de 2030, furent comparées aux modélisations climatiques qui évaluent le réchauffement moyen attendu en fonction de la concentration de l'atmosphère en gaz à effet de serre. Il apparut alors que les INDC annoncés ne se situaient en fait pas sur la « *bonne trajectoire* », c'est-à-dire celle qui permettrait de réduire le réchauffement climatique à moins de 2 °C, a fortiori à moins de 1,5 °C. Cette appréciation sur la qualité des INDC fut incluse dans le préambule de l'accord de Paris. Je cite le point 17 de ce

1. L'accord a finalement bien été ratifié à Marrakech.
2. Contributions décidées au niveau national.

préambule : « *La Conférence des parties note avec préoccupation que les niveaux des émissions globales de gaz à effet de serre en 2025 et 2030 estimés sur la base des contributions prévues déterminées au niveau national ne sont pas compatibles avec des scénarios prévoyant une hausse de la température de 2 °C, et note également que des efforts de réduction des émissions beaucoup plus importants seront nécessaires pour contenir l'élévation de la température de la planète en dessous de 2 °C par rapport aux niveaux préindustriels ou en dessous de 1,5 °C.* »

Il y a là quelque chose de paradoxal : d'une part la signature de l'accord de Paris par 177 États représente techniquement un succès diplomatique indéniable, mais c'est un accord qui prend acte de ce que les engagements annoncés ne sont pas suffisants. Si l'on a mauvais esprit, on peut résumer le tout en disant que les diplomates mondiaux se sont félicités d'avoir réussi... à faire la constatation que les engagements pris ne permettront pas d'atteindre les objectifs climatiques souhaitables. Étrange succès.

La lenteur dans la ratification de l'accord de Paris par les États montre que même ces engagements peu ambitieux ont du mal à être tenus.

On lit parfois que ces INDC mettent le réchauffement climatique sur une trajectoire de 3 ou 4 °C en 2100. C'est inexact, car les INDC ne sont valables que jusqu'en 2030. Rien n'est dit pour la suite. Mais il est assez facile de voir, sans entrer dans le détail des engagements des 177 signataires de l'accord de Paris, que l'objectif des 2 °C ne peut hélas plus être tenu, et qu'il faut se préparer à une dérive climatique plus grande. Il va être effectivement très difficile d'éviter un monde 3 ou 4 degrés plus chaud qu'aujourd'hui.

En effet, d'après les simulations calculées par les climatologues, limiter le réchauffement à 2 °C requiert deux conditions (je ne parlerai ici que du gaz carbonique pour simplifier) :

- d'une part, que les émissions de CO_2 cessent d'augmenter et se mettent à diminuer, puis s'annulent dans la seconde moitié du siècle ;
- d'autre part, que la totalité des émissions futures ne dépassent pas 1000 Gt (gigatonnes ou milliards de tonnes) de CO_2 – quantité désignée sous le terme de budget global à ne pas dépasser.

Les émissions mondiales, hors période de crise économique, augmentent de 2 à 3 % par an, ce qui correspond à l'augmentation annuelle de notre consommation de combustible fossiles – en premier lieu le charbon. Pour qu'elles cessent d'augmenter, il faudrait être capable de remplacer ces fossiles par des sources non carbonées – renouvelables et nucléaire. Mais si l'on analyse ce que nous sommes capables de faire aujourd'hui, c'est en gros huit fois moins que ce qu'il faudrait. Cela ne se rattrape pas par un coup de baguette magique. Nos émissions vont donc continuer d'augmenter. Imaginons alors que nous soyons capables, en nous y mettant vraiment, de faire que nos émissions passent par un maximum vers 2030, puis diminuent ensuite. Un petit calcul montre que nous aurons émis d'ici 2030 environ 600 Gt de CO_2. Pour tenir le budget global de 1000 Gt, il faudrait être capable d'annuler toute émission d'ici 2050, ce qui est techniquement impossible à réaliser, car les systèmes énergétiques ne peuvent évoluer à une échelle de temps aussi rapide.

Les deux conditions nécessaires pour une évolution vertueuse sont donc impossibles à tenir.

Bon, alors qu'est-ce qu'on fait ? Qu'est-ce qu'on pense ?

Une échappatoire : nier purement et simplement toute cette affaire climatique ! C'est de plus en plus difficile à tenir, car comme le rappelle Laurent Fabius « *2015 a battu tous les records : chaque mois qui passe est le plus chaud jamais enregistré, et 2016 battra 2015. La fréquence et la gravité des sécheresses, la rapidité et l'étendue de la fonte des glaciers, l'intensité des incendies et inondations, l'étroitesse des liens entre climat et maladies, climat et migrations, climat et violences, tout confirme les prévisions dramatiques du GIEC pour notre planète.* » Mais écoutez Trump, ça ne l'émeut pas plus que ça.

Ou bien se donner un objectif pertinent, simple et clair : *sortir du charbon,* car parmi les combustibles fossiles, c'est le plus émetteur. Le sérieux des prochaines conférences climatiques pourra se jauger à l'aune de cet objectif. Le vibrant hommage de Trump aux États charbonniers des États-Unis est là encore révélateur, de même que les difficultés de l'Allemagne à s'extraire de la culture du charbon et du lignite.

31 août 2016

Pour aller plus loin

J. Treiner, « Jouer avec les chiffres du climat : une approche par budget carbone », *Reflets de la physique*, n° 43, avril 2015.

16
Hasardologie

Je voudrais vous parler aujourd'hui d'un excellent petit livre qui vient de sortir chez Cassini sous le titre *Petit traité de hasardologie.* Son auteur, Hubert Krivine, est physicien, et il s'est fait remarquer récemment par la publication de deux ouvrages plutôt érudits d'histoire des sciences : le premier, intitulé *La Terre, des mythes au savoir* traitait de l'histoire des idées concernant l'âge de la Terre et la nature de son mouvement autour du soleil. Le second, intitulé *De l'atome imaginé à l'atome découvert,* balayait 2000 ans d'idées concernant la structure intime de la matière.

Cette fois, il s'agit de hasardologie, c'est-à-dire d'un discours sur le hasard. Si l'on y réfléchit pour sa propre vie, les choses importantes arrivent toujours par hasard, même si, ainsi que le disait en substance Pasteur à propos des découvertes : elles arrivent par hasard, mais il s'agit d'un *hasard préparé.* Le hasard est partout, et notre situation existentielle est d'avoir à prendre des décisions en situation d'incertitude – incertitude à la fois sur le contexte de nos décisions, imparfaitement connu, et sur les conséquences possibles de celles-ci, souvent imprévisibles.

Hasard, incertitude : les physiciens et les mathématiciens cherchent à quantifier ces notions en termes de probabilité. Hubert Krivine nous propose en fait une promenade au hasard dans le monde des probabilités : on y trouve pêle-mêle des considérations sur l'astrologie, la mécanique quantique, les blagues de Coluche, le déterminisme, la théorie du chaos, les corrélations qui ne valent pas causalité et le pari de Pascal. Et tout cela est très amusant. Pourquoi ? Parce que notre intuition est souvent prise en défaut lorsqu'il s'agit de probabilités et de statistiques. Mark Twain a prêté à Disraeli le propos suivant : « *Il existe trois sortes de mensonges : les mensonges, les foutus mensonges, et les statistiques.* » (« *There are three kinds of lies : lies, damned lies, and statistics.* ») Il est très facile de se faire piéger. Et décortiquer les pièges est jubilatoire – si l'on est enclin à se laisser jubiler par ces choses-là, s'entend.

Quelques exemples, en guise d'avant-goût.

En me promenant, je rencontre Jojo, perdu de vue depuis 10 ans. Hasard ? Oui, disent certains, car c'est la rencontre de deux chaînes de causalité indépendantes, celle qui fait que je me promène, et celle qui fait qu'il passe par là. Mais il s'agit là de hasard subjectif, associé au fait que je donne une importance au fait de le rencontrer. Tout ce qui se passe dans la rue à ce moment-là est fait de chaînes de causalité qui se rencontrent sans qu'on y prête attention.

Le jeu de dé est le paradigme du hasard. Pourtant son mouvement est parfaitement décrit par les lois de la mécanique, qui sont des lois déterministes. Mais on se trouve là en présence de ce qu'on nomme techniquement le chaos déterministe : une petite variation dans la façon de lancer le dé va changer le résultat final, et comme on ne connaît pas avec une infinie précision cette condition initiale du lancer, le résultat devient imprévisible, et les faces sont équiprobables si le dé n'est pas pipé. Joli réconciliation entre déterminisme et production de hasard !

Récemment, une secte qui s'intitule Les Survivants, militant contre la libéralisation de l'avortement, a tenu le raisonnement suivant : « *En France, il y a 800 000 naissances et 200 000 avortements par an. Un avortement pour 4 naissances. Chaque personne vivante avait donc 20 % de risque de ne pas naître.* » Il s'agit d'une manipulation grossière, on le sent bien, mais en quoi, exactement ? En fait, pour avoir le droit d'introduire des probabilités dans l'argument, il faut imaginer que chaque année, une instance supérieure tire au hasard, parmi le million de femmes qui se retrouvent enceintes, celles qui vont avorter et celles qui vont mener leur grossesse jusqu'au bout ! C'est évidemment absurde. Avorter ou pas est une décision qui n'a rien à voir avec un tirage au hasard. Le raisonnement probabiliste n'a en l'occurrence aucun sens. Vu le contexte, il devient scandaleux.

Coluche avertissait que lorsqu'on est malade, il faut soigneusement éviter de se rendre à l'hôpital, car la probabilité de mourir à l'hôpital est bien plus grande que chez soi. Le paradoxe, ici, vient de ce qu'il confond deux populations différentes : il compare la population générale, en moyenne bien portante, et celle qui se rend à l'hôpital, en moyenne malade. La bonne question à poser est donc la suivante : quand on est malade, vaut-il mieux se rendre à l'hôpital ou rester chez soi ? Si l'on souffre d'une maladie grave, la probabilité de mourir si l'on reste chez soi est bien plus grande que si l'on se rend à l'hôpital, où l'on peut se faire soigner, et ce, malgré les maladies nosocomiales. Le paradoxe disparaît.

Le même Coluche, constatant que le tiers des accidents de la route est dû à l'alcoolisme, en déduisait que les gens sobres sont responsables des 2/3 des accidents, et que c'est eux qui représentent le vrai danger. Là encore, le propos contient une erreur de population. Puisque le nombre de conducteurs qui ne boivent pas est largement supérieur à celui des conducteurs qui boivent, il est normal que le nombre absolu d'accidents qu'ils provoquent – donc non reliés à l'alcoolisme – soit plus grand que celui des accidents provoqués par les ivrognes. Le paradoxe disparaît là aussi si l'on réalise que la bonne comparaison est la suivante : la probabilité d'avoir un accident lorsqu'on boit est-elle plus grande que lorsqu'on est sobre ? Sans aucun doute possible, la réponse est oui.

Quelquefois, ces erreurs sont délibérément commises, et elles conduisent à des propos politiquement lourds : aux États-Unis, la population carcérale contient environ 50 % de noirs. La probabilité d'être noir quand on est en prison est donc de 50 %. Mais cela ne signifie pas que la probabilité d'aller en prison quand on est noir soit de 50 % – en fait, elle n'est que de 4 %. De même que si la probabilité d'être blond quand on est suédois est proche de 1, la probabilité d'être suédois quand on est blond est bien inférieure à 1 : tous les blonds ne sont pas suédois.

Un mot, pour terminer, sur les événements rares. Dans certain cas, ils peuvent être totalement déterminants. Car des événements très rares peuvent tout de même avoir lieu – si l'on a suffisamment de temps pour multiplier les tentatives ! Les mutations génétiques, par exemple, ont lieu en permanence. Les mutations qui procurent un avantage sont sans doute rares, mais comme elles procurent un avantage, elles vont être sélectionnées. Or l'évolution de la vie sur Terre a démarré, pour autant qu'on le sache, voici près de 4 milliards d'années, ce qui a donné tout le temps aux mutations favorables de se produire, jusqu'à ce que se façonne un cerveau capable de produire des connaissances. L'évolution a donc été pilotée par des événements rares. En réalité, elle est même le produit de deux types d'événements rares : les mutations génétiques favorables, et les aléas environnementaux et climatiques. Si une météorite géante n'avait pas fait disparaître les dinosaures et autres espèces dominantes il y a 65 millions d'années, les mammifères auraient eu sans doute plus de mal à se développer comme ils l'ont fait !

14 septembre 2016

Pour aller plus loin

Petit traité de hasardologie, Hubert Krivine, Cassini, 2016.

17
Allemagne, ADEME

Le 12 décembre 2015, l'accord de Paris de la COP21 a entériné mondialement l'objectif de décarboner nos sociétés, de sortir des combustibles fossiles. Ce ne sera pas chose facile, car ils constituent 80 % de nos sources d'énergie primaire.

De ce point de vue, l'Allemagne est souvent donnée par les écologistes comme un exemple de bonne conduite : l'argument tient à ce que nos voisins ont mis en place ces dernières années environ 50 GW (gigawatts, c'est-à-dire milliards de watts) de puissance éolienne et 40 GW de puissance photovoltaïque. Par comparaison, en France, nous n'avons que 10 GW installés en éolien, et 6 GW en photovoltaïque, donc 16 GW au total, soit cinq fois moins qu'en Allemagne.

Comment ces puissances électriques se comparent-elles à la puissance électrique *totale* installée dans chaque pays ?

La puissance nucléaire en France est d'un peu plus de 60 GW. L'Allemagne dispose donc, en puissance renouvelable installée, d'environ 30 GW de plus que la puissance nucléaire française. Comme, dans les deux cas, il s'agit de sources d'électricité non émettrices de gaz carbonique dans leur fonctionnement, on s'attend à ce que ces émissions soient comparables dans les deux pays.

Or, si l'on consulte les données de l'Agence internationale de l'énergie, on trouve que 1 MWh produit avec le mix électrique allemand émet 7 fois plus de CO_2 qu'un MWh produit avec le mix électrique français. Comment est-ce possible ?

Voici ce qui se passe. Comme je vous l'ai dit lors de ma première chronique, exprimer les choses en termes de puissance installée est trompeur. La puissance installée, c'est – par définition – la puissance maximale qu'une installation peut délivrer, lorsque les conditions de production sont optimales. Mais pour des sources intermittentes, les conditions ne sont pas toujours optimales. En réalité, pour l'éolien, la puissance moyenne, sur une année, est de un quart à un cinquième de la puissance installée, et pour le photovoltaïque, de un dixième. En Allemagne, un cinquième pour l'éolien, un dixième pour le photovoltaïque. La puissance renouvelable installée en Allemagne correspond donc, en moyenne, à 10 GW pour l'éolien (sur 50 GW installés), et à 4 GW pour le photovoltaïque (sur les 40 GW installés). Au total, cela fait 14 GW, et non 90 !

Ces puissances éolienne et solaire délivrent en réalité à peine 20 % de la consommation électrique en Allemagne, alors que l'énergie nucléaire en France fournit près de 80 % des besoins. De plus, l'énergie renouvelable en Allemagne est venue pour l'essentiel compenser la diminution de la production nucléaire (8 centrales ont été fermées après Fukushima). Le déploiement des renouvelables a bien contribué à la diminution de la consommation des énergies fossiles, mais de façon marginale.

Ce n'est donc pas demain la veille que les choix effectués par notre grand voisin permettront de ramener ses émissions de gaz à effet de serre au niveau français – ou suédois.

Voici donc l'état comparé des lieux : l'Allemagne a dépensé environ 150 milliards d'euros pour installer une puissance renouvelable qui ne lui fournit que 20 % de son électricité, conduisant à un mix électrique 7 à 8 fois plus émetteur de gaz à effet de serre qu'en France, à un prix du MWh pour le consommateur double du prix français. Chapeau !

En fait, l'expérience en vraie grandeur menée par l'Allemagne doit être prise pour ce qu'elle est : un choix consistant à mettre en priorité la sortie du nucléaire par rapport à la sortie des fossiles.

« *Mais ce n'est que provisoire !* », disent les mouvements écologistes qui, je n'en doute pas, sont convaincus de la nécessité de sortir des fossiles. À preuve, la publication d'études montrant qu'il est possible de concevoir, d'ici 2050, un mix électrique entièrement à base d'énergies renouvelables. Il s'en publie en Allemagne et aux États-Unis. Vous avez peut-être remarqué récemment une étude de l'ADEME (Agence de l'environnement et de la maîtrise de l'énergie) allant dans ce sens, intitulée *Un mix électrique 100 % renouvelable.*

Quiconque a lu des comptes rendus de cette étude pense qu'il s'agit d'un scénario énergétique, autrement dit d'une étude qui part de la situation présente, et qui envisage les moyens techniques et financiers d'obtenir d'ici 2050 le mix électrique désiré. Toutes les personnes que j'ai rencontrées connaissant l'existence de cette étude croient en toute bonne foi que c'est bien de cela qu'il s'agit. Et c'est normal, car c'est l'état psychologique d'attente dans lequel on se place lorsqu'on réfléchit à la question : comment faire évoluer le mix électrique ? On se dit que les gens qui publient là-dessus doivent proposer des scénarios.

C'est très troublant. Pourquoi ? Parce que l'introduction de l'étude dit explicitement que ça n'en est pas un. Je cite : « *Il s'agit ici d'une étude scientifique à caractère prospectif et exploratoire et non pas d'un scénario politique. Les mix électriques envisagés restent en effet théoriques, puisqu'ils sont construits ex nihilo, et ne prennent pas en compte la situation actuelle, ni le scénario pour arriver au résultat.* »

Explicitons : on fait table rase de tout ce qui existe, on part des données de vent et d'ensoleillement du territoire, on se donne une gamme de prix de mise en œuvre en 2050 pour ces technologies et d'autres venant en complément (hydroélectricité, biomasse, stockage à diverses échelles de temps) et on construit le mix électrique désiré.

Je cite cette fois la fin de l'introduction de l'étude : « *Certains objecteront sans doute que l'étude est incomplète, car nous ne tenons pas compte de l'existant* [encore !] *et ne programmons pas la trajectoire des investissements : ils auront raison.* »

S'il n'y a pas de « trajectoire d'investissements »,

aucun conseil ne peut être donné au gouvernement. Or l'ADEME se définit comme « l'opérateur de l'État pour accompagner la transition écologique et énergétique. » Elle ne fait donc pas son boulot d'Agence publique.

Qu'est-ce donc que cette étude ? Un leurre purement idéologique, hélas !

Et sur le fond, à quoi sert-elle ? Je vous le confie en toute franchise : je crois qu'elle ne sert à rien...

28 septembre 2016

18
Sarkozy et le climat

Un petit événement récent me donne l'occasion d'aborder la question de la place de la connaissance – et des scientifiques – dans le débat public.

De façon générale, la science, dans son contenu, n'a pas d'incidence directe sur ce que pensent les gens. Je dis bien : la science, pas la technologie. Un exemple, parmi cent : un bon tiers du PIB dépend de la mécanique quantique, c'est-à-dire met en jeu des produits dont la conception nécessite la connaissance de la mécanique quantique. Le moindre transistor est un objet quantique, les lasers, ceux des dispositifs de lecture de nos ordinateurs et ceux utilisés dans l'industrie ou la médecine, sont des objets quantiques, etc. Mais quelle fraction de la population comprend la mécanique quantique ? Certainement moins d'un tiers – et c'est normal. En revanche, la technologie, elle, a une influence *directe* sur nos vies. Il suffit de constater comment Internet a modifié nos modes de production, nos modes de communication, et même nos rapports avec la nature.

La conséquence, pour notre sujet, est que si la science doit bien conserver ses *modes de validation* des énoncés qu'elle produit, la mise en place de technologies nouvelles doit relever de procédures démocratiques. Pour faire court, on ne vote pas les lois de la physique au Parlement, mais le développement d'une filière technologique, industrielle, doit faire l'objet de débats. Certes, cela n'est pas simple à mettre en place, car la technologie s'adosse à la science, laquelle n'est pas démocratique – et ne doit pas l'être : la production de connaissances n'est pas affaire d'opinion. Les scientifiques ont mis au point depuis trois siècles des procédures de critique interne des résultats qu'ils obtiennent. Un résultat doit – en principe – être passé au crible des meilleurs spécialistes du domaine concerné avant d'être publié et d'acquérir le statut d'énoncé scientifique. Cela ne garantit pas que ce résultat soit juste – il se publie des tas de choses plus ou moins erronées – mais l'expérience montre que la procédure permet de corriger rapidement les erreurs quand il y en a.

Ces quelques considérations justifient la neutralité que les scientifiques doivent en principe adopter dans les débats de société où des questions de science sont impliquées – à moins qu'il soit nécessaire de rappeler l'état des lieux des connaissances à un moment donné. Ce n'est pas aussi simple qu'il y paraît. Dans un livre paru aux États-Unis en 2010 et que j'ai eu l'occasion de traduire en français en 2012 pour le compte des Éditions du Pommier sous le titre *Les Marchands de doute,* deux historiens des sciences américains, Naomi Oreskès et Erik Conway, démontent la façon dont certains scientifiques ultra-conservateurs, notamment physiciens, se sont faits les porte-parole rémunérés de secteurs industriels menacés par des réglementations restrictives. Il en a été ainsi concernant les liens entre tabagisme et cancer du poumon, trou dans la couche d'ozone et émissions des chlorofluorocarbures, pluies acides et émissions de soufre des centrales à charbon, guerre des étoiles et hiver nucléaire, climat et émissions de gaz à effet de serre. À chaque fois, les secteurs industriels concernés ont fini par perdre leur combat, et des mesures réglementaires ont fini par être adoptées, comme l'interdiction de fumer dans les lieux publics. Mais après des années de résistance qui se chiffraient en millions de dollars gagnés et en dizaines de milliers de vies perdues.

S'agissant du climat, le combat n'est pas terminé – même si une partie croissante de la population mondiale prend connaissance du problème et se convainc qu'il est sérieux : la consommation du charbon, du pétrole et du gaz conduit à un changement climatique caractérisé par une élévation de température moyenne du globe, une fonte de la banquise et des glaces continentales, et une élévation du niveau des mers.

La particularité de la question climatique est que la connaissance scientifique débouche immédiatement sur l'impératif d'agir. Autrement dit, contrairement au cas de la mécanique quantique que j'évoquais plus haut, les connaissances scientifiques ont ici des conséquences sociétales que tout le monde perçoit. Et cela ne fait pas l'unanimité. Un exemple : l'évaluation financière des avoirs d'une compagnie pétrolière ou charbonnière est directement liée au montant estimé des réserves qu'elle contrôle. S'il y a menace que ces réserves ne soient pas extraites, ces avoirs perdent leur valeur. Certaines institutions bancaires ont déjà décidé de modifier la composition de leur portefeuille en fonction de leur teneur en actifs liés aux industries charbonnières. Mais rien n'est certain : aujourd'hui, la Pologne refuse de ratifier l'accord de Paris de la COP21 au prétexte qu'elle a besoin de construire des centrales au charbon. Quant aux Allemands, qui disposent d'importantes réserves de charbon et de lignite, ils ont clairement remplacé l'objectif de sortir du carbone par celui de sortir du nucléaire.

Ah, au fait, l'événement qui m'a branché sur ce sujet ?

Eh bien, le candidat à la candidature Nicolas Sarkozy, s'exprimant il y a quelques jours devant une assemblée de patrons, déclarait sans ambages : « *Cela fait 4 milliards d'années que le climat change. Le Sahara est devenu un désert, ce n'est pas à cause de l'industrie. Il faut être arrogant comme l'Homme pour penser que c'est nous qui avons changé le climat...* »

On est là dans le déni pur et simple de ce que dit la science. Elle ne dit certes pas que c'est l'activité humaine qui a fait du Sahara un désert, ce sont des causes naturelles qui en sont à l'origine. Mais cela n'a aucun rapport avec le fait que la température moyenne de la Terre a augmenté de plus de un degré depuis 1850. Rappelons que 5 degrés de température nous séparent de la précédente époque glaciaire, où un glacier de plusieurs kilomètres d'épaisseur couvrait tout le Nord de l'Europe, et où le niveau de la mer était 120 mètres plus bas qu'aujourd'hui. Inversement, la fonte des glaces du Groenland induite par un réchauffement de quelques degrés ferait monter en quelques siècles le niveau de la mer de 7 mètres, et de 54 mètres s'il s'agit de l'Antarctique. Imaginez ce que cela donnerait pour toutes les villes côtières du monde, voire même pour Paris... L'autre effet direct du réchauffement se fera sentir sur les ressources en eau et sur l'agriculture dans les pays déjà en stress hydrique, avec pour conséquence une croissance importante des migrants climatiques.

Le candidat balaie d'un revers de main toute politique climatique ambitieuse, qui suppose de remettre en cause le consumérisme, la publicité, les inégalités sociales, bref, la logique d'un marché non régulé qui recherche le profit immédiat.

Et comme la meilleure défense, c'est l'attaque, il déplace le terrain, et désigne la population des pays pauvres et émergents. L'Afrique va passer à 4 milliards d'habitants à la fin du siècle, l'Inde à 2 milliards. Voilà l'ennemi. Le fait que la réduction du taux de fécondité soit une conséquence, et non une cause, du développement – effet bien connu des démographes – ne l'émeut guère. Il ne cherche ni la vérité des choses – qu'il doit connaître, en partie tout au moins, puisqu'il a signé en 2007 la Charte de Nicolas Hulot – ni même à proposer un programme tenable.

Seulement une posture qui permette – peut-être – d'attraper certaines voix apeurées.

Affligeant.

12 octobre 2016

Pour aller plus loin

Rien, vous contemplez déjà le bout de la perversité.

19
L'Anthropocène

Il y a une quarantaine d'années, un chercheur de la faculté d'Orsay, Michel Maurette, eut une idée brillante. Il s'intéressait aux météorites, et notamment à ces 10 000 tonnes de poussières météoritiques qui tombent sur la Terre chaque année. Il se dit que si des avions qui volent en haute altitude disposaient d'une petite plaque extérieure perpendiculaire à la carlingue, elle collecterait une moisson de ces poussières sans aucun effort. Élégant, n'est-ce pas ? Mais lorsque les petites plaques furent analysées au labo, il apparut que 90 % de ce qui avait été récolté là-haut était constitué de poussières... de peinture ! Eh oui, la peinture de tous ces lanceurs de satellites qui se frottent à l'aller ou au retour à l'atmosphère. Michel attendait des signes de l'univers lointain, il récoltait pour l'essentiel ce que nous avons envoyé là-haut. Partout où nous regardons, nous voyons nos propres traces.

Paul Valéry, dans *Regards sur le monde,* un très beau texte de 1931, écrivait ceci : « *Toute la terre habitable a été de nos jours reconnue, relevée, partagée entre des nations. L'ère des terrains vagues, des territoires libres, des lieux qui ne sont à personne, donc l'ère de libre expansion, est close. Plus de roc qui ne porte un drapeau ; plus de vides sur la carte ; plus de région hors des douanes et hors des lois ; plus une tribu dont les affaires n'engendrent quelque dossier et ne dépendent, par les maléfices de l'écriture, de divers humanistes lointains dans leurs bureaux.* » Aujourd'hui, il aurait ajouté : *plus de ciel sans la poussière des hommes.* Et il concluait : « *Le temps du monde fini commence.* »

Valéry parlait en géographe. Aujourd'hui, nous avons des preuves autrement plus terribles de la taille finie du monde, puisque nous sommes devenus capables de modifier les conditions physico-chimiques dans lesquelles se développe toute la biomasse sur Terre : nous modifions le climat de la Terre. Nous continuons certes d'envoyer des poussières de peinture dans l'atmosphère, mais nous comprenons depuis quelques décennies qu'un autre déchet de nos activités, les gaz à effet de serre, modifient le climat à une vitesse plus rapide que tout ce que la Terre a connu dans le passé.

Pour célébrer, en quelque sorte, cette performance, des scientifiques ont proposé, au début des années 2000, de nommer Anthropocène l'ère géologique nouvelle dans laquelle nous sommes entrés – l'ère où l'Homme est devenu une force géologique. Ainsi, aux deux époques du Quaternaire, le Pléistocène et l'Holocène [1], viendrait

1. Le début de l'ère quaternaire est fixé par l'Union internationale des sciences géologiques à environ –2,6 millions d'années. Le Pléistocène s'étend du début de l'ère quaternaire jusqu'à la fin de la dernière glaciation, il y a environ 12 000 ans. L'Holocène désigne l'ère suivante, toujours en cours.

s'ajouter cet Anthropo-cène (ère de l'homme). À cette proposition est attaché le nom de Paul Crutzen, chimiste hollandais, prix Nobel en 1994 pour avoir décortiqué, avec d'autres collègues, le mécanisme par lequel les cholorofluorocarbures, les CFC, provoquaient ce fameux trou dans la couche d'ozone. C'était déjà une perturbation à l'échelle de la planète, avec des conséquences potentiellement graves pour notre santé. Crutzen s'était donc confronté dans son activité de chercheur à cette force géologique qu'est devenue l'humanité.

Quand convient-il de faire démarrer l'Anthropocène ? Je ne suis pas convaincu que la question soit très importante, mais le foisonnement des idées est amusant à constater. Certains proposent l'invention de l'agriculture, il y a 10 000 ans. Il est certain que les cultures sur brûlis ont modifié l'environnement, comme les pratiques agricoles plus récentes, notamment par la destruction des forêts. D'autres proposent 1610, date à laquelle on observe, semble-t-il, un minimum de la concentration de gaz carbonique dans l'atmosphère. D'autres l'invention de James Watt, qui marque le début de la révolution industrielle. D'autres proposent 1945, date du largage de la première bombe atomique. D'autres enfin, comme Crutzen, proposent aussi 1945, mais parce cela marque le début de la Grande Accélération : l'utilisation massive des combustibles fossiles produit une nette augmentation de la concentration en CO_2. D'une valeur de 280 parties par million (ppm) avant 1850, nous en sommes aujourd'hui à 400 ppm, l'essentiel ayant été émis depuis la dernière guerre mondiale. Au rythme où nous allons, nous franchirons les 2 °C de réchauffement dont on parle tant.

Comme la Nature n'est plus le réceptacle passif de nos agissements, mais qu'elle est modifiée par les effets de notre Culture – notamment technique – nous devons certainement repenser nos rapports avec elle. Certains anthropologues se demandent si d'autres civilisations, qui n'opèrent pas comme nous le faisons depuis les Lumières une distinction nette entre Nature et Culture, ne pourraient pas donner des idées pour repenser notre propre rapport à la Nature. Ne faut-il pas attribuer une certaine « intériorité », voire une « intentionnalité » à l'atmosphère, qui va nous rendre la vie difficile ? Aux glaciers qui, s'ils fondent, vont tarir en été les apports en eau des vallées ? Aux océans qui, s'ils s'acidifient trop, vont perturber toute la chaine alimentaire marine ? Comment, à l'avenir, organiser le collectif des humains et des non-humains, et le faire vivre ?

La Nature se venge de nous, nous exploitons ses ressources sans compter, eh bien nous avons mérité ce qui nous arrive ! On perçoit cela chez ceux qui vont jusqu'à exprimer parfois une certaine détestation de l'humanité. Mais la Nature ne se venge de rien ! Elle n'a aucune intention à notre égard, elle se comporte selon des lois que nous sommes parvenus à comprendre assez bien. Lui prêter des intentions, c'est manifester le fol espoir d'échapper à notre *solitude* d'humains : nous aurons beau crier tout notre saoul, c'est notre voix, seule, qui nous reviendra en écho.

Dans ce collectif des humains et des non-humains,

la question est celle des porte-parole des non-humains. Qui va parler au nom des glaciers et des océans ? S'il s'agit de notre survie, nous sommes les seuls repères. Notre vision doit être plus large qu'auparavant, voilà tout. Les porte-parole des océans, ce sont les océanologues, ceux des glaciers, les glaciologues, ceux de l'atmosphère, les climatologues. Et ce qu'ils ont à dire est le produit du Naturalisme des Lumières, qui suppose le rejet des autorités auto-proclamées, le développement de l'esprit critique, et la liberté de chercher à découvrir comment fonctionne la Nature.

Il y a donc bien de nouvelles formes de démocratie à mettre en place, où les scientifiques, en tant que porte-parole des non-humains, doivent pénétrer l'arène publique et rencontrer les humains, non pour leur dire ce qu'il faut faire, Grands Dieux !, mais pour leur rappeler que nous ne pouvons plus nous débarrasser de nos désordres en les envoyant à l'infini, car l'infini, en l'occurrence, est tout proche, comme disait en substance Paul Valéry.

Un exemple à lire et suivre : le rapport sur *Les impacts du changement climatique en Aquitaine,* publié en 2013, fruit de deux ans de travail de 150 acteurs de terrain, coordonné par Hervé LeTreut, un de nos meilleurs climatologues. Disponible sur Internet...

26 octobre 2016

Pour aller plus loin

Paul J. Crutzen et Eugene F. Stoermer, The "Anthropocene", *Global Change NewsLetter*, n° 41, p. 17-18. IGBP, 2000.

Claude Lorius, Laurent Carpentier, *Voyage dans l'anthropocène : Cette nouvelle ère dont nous sommes les héros,* Actes Sud, 2010.

20

Trump ?!

À l'heure où je rédige cette chronique, le résultat de l'élection américaine vient juste d'être confirmé : Donald Trump est devenu le nouveau président des États-Unis. Coïncidence temporelle : avant-hier, la COP22, vous savez, cette 22e conférence mondiale annuelle sur le changement climatique, cette COP s'est ouverte à Marrakech. Parmi ses objectifs, prendre acte de la ratification de l'accord de Paris, au sens où plus de 55 % des États de la planète, représentant plus de 55 % des émissions mondiales de gaz à effet de serre, ont ratifié l'accord de Paris, et avancer sur le dossier de l'adaptation au changement climatique devenu inévitable, compte tenu des émissions passées.

Je vous propose donc de revenir un instant sur les déclarations de Trump sur le sujet. C'est très intéressant.

Dans un tweet daté du 6 novembre 2012, Donald Trump déclarait : « *Le réchauffement climatique est un canular inventé par et pour les Chinois pour rendre notre industrie non compétitive.* »

Plus récemment, le 18 janvier 2016, après avoir été attaqué sur le sujet par Bernie Sanders, Trump déclarait à *Fox News,* une chaîne d'information qu'il affectionne :

« *Eh bien, je pense que le changement climatique, ce n'est rien qu'une forme de taxe très très élevée. Tout un tas de gens font de l'argent, plein d'argent avec ça. Moi, j'en sais long sur le changement climatique. Je pourrais recevoir des récompenses environnementales. Et souvent, je plaisante sur le sujet, en disant que tout ça est fait pour le bénéfice de la Chine. Évidemment, je plaisante. Mais c'est vraiment fait pour le bénéfice de la Chine, parce que la Chine ne fait rien pour contrer le changement climatique. Ils brûlent tout ce qu'ils peuvent brûler, ils s'en moquent. Vous savez, leurs normes, c'est comme s'ils n'en avaient pas. Et en attendant, ils nous concurrencent sur les prix. Alors c'est dur pour notre industrie.* »

Mais le 26 mai 2016, il revient à la charge : à l'occasion d'un discours sur la politique énergétique prononcé dans le Dakota du Nord, Trump attaque les « *règlementations climatiques draconiennes* ». Il propose d'annuler toutes les mesures prises par l'administration Obama qui ont pour effet de détruire des emplois, y compris le Plan Action Climat, menace « *d'annuler l'accord de Paris* » et de « *supprimer tous les financements, prélevés sur les impôts américains, destinés aux programmes des Nations Unies sur le climat* ».

Si l'on cherche les déclarations les plus extrêmes sur le sujet venant de la droite américaine, le champion est sans doute le sénateur de l'Oklahoma Jim Inhofe. Critiquant la participation d'Obama au sommet de Paris de la COP21, il a ajouté que la science climatique ignorait le rôle de Dieu dans la détermination des températures.

Mais au-delà du folklore, les déclarations de Trump

– y compris dans leurs contradictions – illustrent un problème bien réel : l'incapacité d'une économie de marché à gérer ce qu'on appelle les *biens communs.*

Un bien commun n'est pas exclusif : si quelqu'un en bénéficie, cela n'empêche pas un autre d'en bénéficier. La connaissance est un bien commun, peut-être le plus précieux. Mais l'atmosphère aussi est un bien commun. Un bien privé est exclusif : un steack est bien privé. Si je le mange, vous ne pouvez pas le manger. Le marché peut, en principe, gérer la distribution des biens privés. Mais comment faire avec les biens communs ?

Exemple : le développement de l'obésité. C'est un problème de santé publique. La cause est unanimement reconnue : c'est le sucre. La solution paraît donc simple : fixer des normes qui diminuent la quantité de sucre contenue dans les aliments. Oui, mais ça, ça va gêner les affaires. Imaginez qu'on aille jusqu'à interdire le sucre ! C'est toute une industrie, avec tous ses emplois, qui disparaîtrait. La croyance que le marché résout tous les problèmes conduit donc à refuser d'imposer des règles, à laisser l'industrie en question continuer ses affaires, et à développer en parallèle toutes sortes d'activités correctrices : des médicaments contre l'obésité, des produits contenant des substituts au sucre, des produits sans sucre, etc., dont il semble bien que les effets sur le développement de l'obésité soient nuls.

Le cas de l'atmosphère est encore plus délicat, car il se heurte à différents obstacles. En l'absence d'autorité mondiale capable de faire respecter un accord, chacun se dit : pourquoi faudrait-il que je diminue mes émissions, alors que je ne suis pas sûr que l'autre va faire de même ? C'est la raison pour laquelle les États-Unis n'avaient pas ratifié l'accord de Kyoto : les pays émergents, dont la Chine, avaient un statut différent des pays riches, alors que leurs émissions progressaient à pas de géant. Autre attitude : un accord est signé, très bien. Mais pourquoi ne pas tricher ? Si je me dispense de m'y conformer, je bénéficie de toute façon de ce que font les autres.

La difficulté de la communauté internationale à fixer un ou des prix aux émissions de carbone illustre également cette difficulté à faire de l'atmosphère et du climat des *biens communs.* L'externalité négative que représentent les émissions de gaz à effet de serre n'est pas sanctionnée, puisqu'aucun coût n'est associé à cette externalité. La mise en place d'un coût du carbone permettrait d'ouvrir un marché aux innovations permettant de réduire les émissions. Ce coût ne doit certainement pas être le même partout : cela interdirait par exemple à l'Inde de se développer. Mais par quelle procédure fixer ces prix ?

Pour le moment, seule la Suède et quelques pays voisins ont réussi ce tour de force. La tonne de CO_2 émise coute environ 130 €. Évidemment, si vous devez payer ce prix, vous serez tenté d'écouter un petit gars astucieux qui viendra vous expliquer qu'il a trouvé, pour un coût moindre, un système pour diminuer vos émissions.

Mais à l'échelle mondiale, personne ne sait comment faire.

J'arrête sur ce constat. Nous pourrons y revenir après la COP22, qui sera sans doute secouée – et combien – par l'élection de Trump.

9 novembre 2016

21

Trump et l'EPA

Il y a 15 jours, Donald Trump venait d'être élu 45e président des États-Unis, et je vous avais cité quelques-unes de ses déclarations concernant le changement climatique : en gros, un canular, une machine de guerre contre l'industrie américaine, empêtrée et bridée par des régulations climatiques insensées concoctées par l'EPA, l'Agence de protection de l'environnement – l'équivalent de notre ministère de l'écologie – au profit de l'industrie chinoise qui, elle, brûle tout le charbon qu'elle peut.

On aurait pu penser que, la victoire acquise, des déclarations aussi extrêmes se feraient plus rares ou ne seraient pas suivies d'effet, mais il n'en est rien. On vient d'apprendre que Myron Ebell a été nommé à la tête de l'EPA pendant la période de transition jusqu'à janvier 2017, date à laquelle Donald Trump prendra ses fonctions de président. Cette nomination devra être confirmée par le Congrès.

Myron Ebell préside la Cooler Heads Coalition (la Coalition des têtes froides), un groupe financé et piloté par le Competitive Enterprise Institute. L'objectif de la coalition, selon ses propres termes, est de « *combattre le mythe du réchauffement climatique, qui propage de fausses analyses économiques et scientifiques, et surestime les risques associés* ». Le Competitive Enterprise Institute, pour sa part, fait partie d'un ensemble de cercles de réflexion conservateurs et libertariens américains, comme le Cato Institute, l'American Enterprise Institute, le Marshall Institute ou le Heartland Institute, pour ne citer que les principaux. Leur point commun : combattre tout ce qui peut constituer une menace de régulation du marché et de la libre concurrence. Évidemment, si vous exigez que les centrales à charbon émettent moins de CO_2, vous entravez leurs activités et renchérissez le prix du kWh. Alors si vous niez que les gaz à effet de serre aient une quelconque influence sur le climat, ou si vous affirmez que cette influence est négligeable, vous supprimez le fondement de la régulation. Il vous suffit même d'affirmer qu'on n'en sait pas encore assez, qu'il faut faire plus de recherche, et qu'en attendant d'être certain des effets, il est superflu de prendre des mesures.

Ce n'est pas le débat scientifique qui les intéresse. J'en veux pour preuve la variété des thèmes sur lesquels, au fil des ans, ils sont intervenus, en produisant, à coup de millions de dollars, des documents distribués aux parlementaires, aux journalistes, aux enseignants. Tout cela est détaillé dans un excellent livre de deux historiens des sciences américains, Naomi Oreskès et Erik Conway, *Les Marchands de doute,* dont je vous ai déjà parlé, et qui est toujours d'actualité. On apprend ainsi comment les mêmes cercles ont instillé du doute, dès les années 1980, sur les liens entre tabagisme, actif ou passif, et cancer, entre pluies acides et émissions de soufre par les centrales à charbon, entre trou dans la couche d'ozone et émissions de chlorofluorocarbures, et entre changement climatique et émissions de gaz à effet de serre. Ils sont spécialistes... de tout ! Personnellement, je me suis régulièrement servi de ce que l'on trouve sur le site du Heartland Institute avec mes étudiants de Sciences Po pour en faire des exercices, car décortiquer cette rhétorique est très formateur.

Revenons à l'EPA et à la nomination de Myron Ebell. Nommer un climatosceptique – le terme anglais *denier* [1] est du reste meilleur que le français « sceptique » – à la tête de l'équivalent de notre Ministère de l'Environnement, c'est comme nommer un créationniste à la tête de l'Institut Pasteur ou d'un département de génétique. Qu'allez-vous produire comme science, comme connaissance en génétique si vous pensez que l'homme n'est pas le produit de l'évolution des espèces sur une Terre vieille de 4,5 milliards d'années, mais une création divine datant de quelques millénaires avant notre ère ? L'EPA, aux États-Unis, c'est aujourd'hui environ 15 000 personnes réparties dans 10 bureaux régionaux et 17 centres de recherche, avec un budget de 8 milliards de dollars. Sa mission est de « *protéger la santé humaine contre la dégradation des éléments naturels – l'air, l'eau et la terre – essentiels à la vie* ». Elle élabore et fait respecter la règlementation concernant l'environnement. En par-

1. *To deny* : nier.

ticulier, l'EPA reconnaît les dangers que génèrent les émissions de gaz à effet de serre sur la santé et l'environnement. C'est ce qui a permis à l'administration Obama de faire passer quelques timides mesures climatiques en contournant un Parlement hostile. Que vont devenir ces chercheurs ? Le financement de la recherche, aux États-Unis, passe aussi par la NSF, la National Science Foundation. L'administration Trump va-t-elle se servir de ce levier de financement fédéral pour orienter ce qui se fait dans les départements des sciences de la Terre des universités publiques ?

Sur le site du Competitive Enterprise, on trouve la déclaration de Myron Ebell datée d'hier. Elle est conforme à la stratégie des « marchands de doute ». L'attaque ne se présente pas frontalement. Il reconnaît que la concentration des gaz à effet de serre de l'atmosphère augmente à cause de l'utilisation des combustibles fossiles, et qu'en conséquence la température va probablement augmenter. Mais il ne partage pas l'opinion des « *alarmistes* » qui prétendent qu'il s'agit d'une crise exigeant des actions importantes. Il y a ceux qui croient aux modèles climatiques, dit-il, et ceux qui regardent les données. Par exemple, poursuit-il, les données indiquent un réchauffement modeste et variable depuis les années 1970, bien en dessous des prédictions des modèles, et conforme à la variabilité naturelle. Une énergie abondante et peu chère est une condition nécessaire au bien-être humain, poursuit-il, et les politiques de rationnement énergétique qui sont proposées, comme celles de l'accord de Paris, menacent des milliards de gens de pauvreté énergétique et de stagnation économique durable. Les alarmistes climatiques sont des menaces bien plus grandes pour le développement humain que les impacts du réchauffement climatique.

Bref, en un mot, « *circulez, y'a rien à voir* ». Les climatologues ont le nez sur leurs ordinateurs, ils sont incapables de regarder les données. Des milliers de chercheurs de par le monde passent leur vie à décortiquer comment fonctionne la machine climatique, mais Myron Ebell, politiste de formation, *he knows better* ! Dans ces conditions, pourquoi continuer de les financer ?

Peabody était en 2010 la plus grande compagnie au monde pour l'extraction du charbon. En 2016, elle est menacée de banqueroute, à cause de la chute des prix. Il y a 10 ans, 50 % de l'électricité américaine était produite à partir du charbon. Aujourd'hui, ce n'est plus que 30 %. Il est temps de relancer la production, et c'est ce que Trump a promis dans sa campagne. Tant pis pour les émissions de CO_2.

En attendant, dans les universités, il y aura de la chasse aux sorcières... et de la résistance. On en reparlera ici. Et il faudra aussi faire le point de ce qui se passe en France !

23 novembre 2016

22

Malthus et Condorcet

En 1798 paraissait à Londres un petit livre, non signé, intitulé *Essai sur le Principe de population.* Son auteur s'interrogeait sur les causes de la misère humaine, et pensait les avoir trouvées. Mais ses conclusions étaient telles qu'il écrivait dans son introduction, comme exprimant une méfiance par rapport à lui-même : « *L'auteur donne de la condition humaine une tonalité mélancolique, mais il est certain d'avoir tiré ces nuances sombres de la conviction qu'elles font réellement partie du décor, et ne sont pas le fruit d'un regard aigri, ou d'une prédisposition à la mauvaise humeur.* »

La cause principale de la misère, écrivait-il, se trouve dans « *la tendance constante de tous les êtres vivants à accroître leur espèce au-delà des ressources de nourriture dont ils peuvent disposer* ».

Comment argumentait-il ?

Concernant la population, il constatait que « *dans les États d'Amérique du Nord, où les moyens de subsistance ne manquent pas, où les mœurs sont pures* [entendez : où l'on ne pratique pas d'avortement] *et où les mariages précoces sont plus fréquents qu'en Europe, pendant plus d'un siècle et demi la population a doublé en moins de vingt-cinq ans.* » C'est le chiffre qu'il va considérer dans la suite de son argumentation. « *Nous pouvons être certains que lorsque la population n'est arrêtée par aucun obstacle, elle double tous les vingt-cinq ans.* » Elle suit donc une progression géométrique.

Pour les ressources, il prend l'exemple de l'Angleterre. « *Supposons, écrit-il, que* [...] *la production des terres double dans les vingt-cinq premières années, par augmentation des terres cultivées* [...]. *Dans les vingt-cinq années suivantes, il est impossible d'espérer un nouveau doublement... Chaque période de vingt-cinq ans ne pourra qu'ajouter à la production annuelle une quantité égale à sa production actuelle.* » Il généralise à toute la Terre : « *Les moyens de subsistance... ne peuvent jamais augmenter à un rythme plus rapide que celui qui résulte d'une progression arithmétique.* »

La conclusion est imparable : « *La race humaine croîtra comme la progression 1, 2, 4, 8, 16... tandis que les moyens de subsistance croîtront selon la progression 1, 2, 3, 4, 5. Au bout d'un siècle, la moitié de la population n'a pas de quoi se nourrir.* »

Malthus, puisque c'est de lui qu'il s'agit, est un pessimiste rationnel. Il tire, sans enthousiasme mais avec une logique qui doit s'imposer à tous comme une loi de la nature, les conséquences sociales qui découlent de ce qu'il a découvert : « *La misère est une conséquence absolument nécessaire.* » Et, du reste, il est important de répandre le résultat de ses découvertes auprès des pauvres. Car, dit-il, « *la cause principale et permanente de la pauvreté n'a que peu ou pas de rapports directs avec la forme de gouvernement ou l'inégale division de la propriété ; les riches n'ont pas le pouvoir de fournir aux pauvres du travail ou du pain : en conséquence, les pauvres n'ont nul droit à leur en demander.* [...] *Tout homme appartenant aux classes inférieures de la société, qui sera bien convaincu de ces vérités, sera plus apte à supporter sa situation avec patience, s'il se trouve un jour plongé dans la misère ; il éprouvera moins de ressentiment et d'irritation à l'égard du gouvernement et des hautes classes de la société ; il sera moins disposé à l'insubordination et à la turbulence en n'importe quelle occasion ; et s'il reçoit un secours d'un établissement public ou de la charité privée, il en éprouvera plus de reconnaissance et en appréciera mieux la valeur.* »

Texte effrayant, entreprise rationnelle de destruction de l'espoir, mais que peut-on lui répondre ?

En réalité, Condorcet lui avait répondu quelques années auparavant, en 1794, juste avant sa mort. Les huit derniers mois de sa vie, Condorcet les passe à Paris, caché dans une maison située dans l'actuelle rue Servandoni, au numéro 26 (une plaque est apposée sur la maison). Poursuivi par le Comité de salut public pour s'être exprimé ouvertement contre le projet de constitution de 1793, craignant pour sa vie, aidé par ses proches, il se réfugie dans une petite chambre de cette maison, et c'est là qu'il écrit une *Esquisse d'un tableau historique des progrès de l'esprit humain.* Il s'agit du brouillon d'une œuvre grandiose qu'il n'aura pas le temps de rédiger. Bel exercice de courage et de dédoublement intellectuel, qui lui permet de relativiser sa propre situation au regard de celle de l'espèce, ses mésaventures privées au regard de l'aventure humaine.

Optimiste rationnel, Condorcet mise sur le développement des sciences et des techniques. Nommé secrétaire perpétuel de l'Académie des sciences en 1776, à l'âge de 33 ans, sa fonction l'amène à prendre connaissance des mémoires de tous ordres soumis régulièrement à l'auguste institution. Il s'intéresse à la navigation intérieure, à la construction des canaux, contribue au développement de la mécanique des fluides et aux fondements du calcul des probabilités. Et dans l'*Esquisse,* il écrit : « *Les instruments, les machines, les métiers ajouteront de plus en plus de la force à l'adresse des hommes* [...] *en diminuant et le temps, et le travail nécessaires pour les obtenir* [...] *Le même produit de l'industrie répondra à une moindre destruction de matières premières, ou deviendra d'un usage plus durable.* [...] *Ainsi, non seulement le même espace de terrain pourra nourrir plus d'individus, mais chacun d'eux, moins péniblement occupé, le sera d'une manière plus productive, et pourra mieux satisfaire à ses besoins.* » Autrement dit, là où Malthus n'imagine que l'augmentation des surfaces cultivées, Condorcet anticipe ce que permettra l'augmentation des connaissances. Un exemple chiffré, pour lui rendre hommage : pour moissonner un hectare de blé, il faut en 1800 à peu près 100 heures de travail à la faucille ; en 1850, 25 heures avec une faux ; en 1900 un peu plus de 3 heures avec une faucheuse-lieuse à traction animale ; aujourd'hui moins d'une heure avec une moissonneuse-batteuse : c'est plus d'un facteur 100 qui a été gagné en deux siècles.

Une interrogation, à présent, pour notre monde d'aujourd'hui : cette formidable capacité à transformer la matière n'a été possible que par la mobilisation de ressources énergétiques toujours plus grandes. La combustion d'un litre d'essence libère autant d'énergie que le travail journalier de 20 individus, et cela ne coûte qu'un euro cinquante – dont 80 % de taxes ! Mais les stocks de charbon, de pétrole, de gaz, sont en quantités *finies*. Nous avons passé le pic [1] du pétrole conventionnel, le pic des autres ressources est attendu dans le siècle. Les énergies renouvelables sont inépuisables, mais nous ne contrôlons pas leur flux.

Comment être sûr que nous disposerons de ressources énergétiques suffisantes pour assurer le bien-être d'une population mondiale croissante ?

7 décembre 2016

1. L'exploitation d'un stock épuisable passe nécessairement par un maximum, dénommé « pic » dans le jargon des ressources fossiles.

23
L'étoile de Bethléem

Aujourd'hui, puisqu'il est difficile d'échapper aux fêtes de Noël, nous allons mener enquête sur l'étoile de Bethléem, dont il est fait mention dans les Évangiles. Vous allez voir que l'enquête livre des surprises.

Écriture des Évangiles. Celui de Marc, autour de l'an 67, ceux de Matthieu et Luc autour de 80-90, celui de Jean peu avant 100. Matthieu et Luc sont les seuls qui mentionnent la jeunesse de Jésus.

Matthieu indique que Jésus est né au temps du roi Hérode, et que des mages sont venus d'Orient, alertés par l'apparition d'une étoile, pour voir le roi des Juifs (sic) qui vient de naître. Hérode, renseigné par les grands prêtres et les scribes du lieu de la naissance, Bethléem, leur demande de trouver l'enfant. Les mages se remettent en route, guidés par l'étoile, trouvent l'enfant, lui rendent hommage (or, encens et myrrhe), et, « avertis en songe de ne pas retourner chez Hérode », rentrent chez eux par un chemin détourné. Joseph, prévenu en rêve des desseins meurtriers d'Hérode, prend femme et enfant et fuit en Égypte, après quoi Hérode, comprenant que les mages l'ont trompé, décide de faire tuer tous les enfants de moins de deux ans.

Luc, pour sa part, indique que la famille se rend à Bethléem (ville de David) pour se faire recenser (c'est un édit de César Auguste, alors que le gouverneur de la Syrie s'appelle Quirinius). C'est là, selon Luc, que l'enfant naît, et que des bergers, gardant leurs troupeaux durant les veilles de la nuit dans la région, sont avertis de la naissance par un ange et se rendent à Bethléem. Ce sont eux qui répandent la nouvelle.

Hérode. Des textes rapportent que la mort d'Hérode advient peu après une éclipse de Lune visible depuis Jéricho, mais avant la Pâque juive (mars-avril). La seule date qui convienne est l'éclipse de Lune du 13 mars de l'an –4, qui précède d'un mois environ la Pâque du 10 avril de l'an 3757 du calendrier hébraïque. Si Hérode est mort en –4, Jésus n'a pas pu naître en l'an 0. L'ordre donné par Hérode de tuer tous les enfants de moins de deux ans indique, compte tenu d'une marge de sécurité, que la naissance de Jésus date d'environ –5 ou –6.

Recensement. César Auguste ordonna le recensement en l'an –8. Quirinius ne fut gouverneur de la Syrie qu'en l'an –6, mais il fut légat en –5/–6. Luc a confondu, mais l'incertitude est minime.

Calendrier. Le calendrier que nous utilisons date d'environ un siècle après la chute de l'Empire romain : l'année et la date de la naissance de Jésus furent fixées en 525 par un moine scythe vivant à Rome, Denys le Petit. L'Église chrétienne commençait à dominer le monde occidental, et Denys fut chargé de déterminer un nouveau cycle des fêtes de Pâques – les plus importantes de l'année. Denys décide de compter les années à partir de la date de naissance de Jésus. Pour effectuer ce changement d'origine des temps, il lui faut placer cette date dans la chronologie du calendrier romain. Il utilise pour cela les meilleures données, à savoir la durée de règne des empereurs. Mais il commet deux erreurs : il oublie l'an zéro (il passe de –1 à +1 directement), et oublie également 4 années pendant lesquelles César Auguste règne sous le nom d'Octave. Cela fait au total 5 ans de décalage. Ce n'est qu'en 1605 qu'un érudit polonais du nom de Laurent Suslyga signale l'erreur. S'il n'y a pas d'autres erreurs, Jésus est donc né en l'an 5... avant Jésus-Christ.

Oui, mais à quelle époque de l'année ?

Le 25 décembre ? Jack Finegan, dans le *Handbook of Bible Chronology,* indique que la première mention du 25 décembre date de l'an 336. Les chrétiens récupèrent ainsi la fête païenne, traditionnelle à l'époque, du *Sol Invictus* (le Soleil invaincu) : le solstice d'hiver marque le début du rallongement de la durée du jour. Il y a beaucoup de variations sur le jour de la naissance durant les premiers siècles. La clef est l'indication de Luc concernant les *bergers.* En décembre, les bergers ne surveillent pas les moutons pendant la nuit, il fait trop froid (Bethléem est à 800 mètres d'altitude). Les bêtes sont remises à paître au printemps, et c'est lorsque naissent les agneaux que la surveillance doit être continue. Jésus est donc plus probablement né en avril ou en mai.

Et l'étoile de Bethléem ? Appelons l'art et l'astronomie à notre secours.

Giotto. Dans l'*Adoration des mages,* tableau peint en 1302-1304 qui se trouve Chapelle Scrovegni à Padoue,

Giotto peint une comète guidant les rois mages. Probablement la comète de Halley, qui fut visible en 1301. C'est en hommage à cette observation que la sonde envoyée par l'Agence spatiale européenne à la rencontre de la comète de Halley en 1986 fut nommée Giotto. Mais cette comète n'est pas un bon candidat. La période de la comète de Halley est de 76 ans. Elle fut observée du 26 août au 20 octobre de l'an –12 par des astronomes chinois, qui consignèrent l'observation. Ça ne colle pas avec la date de naissance de Jésus.

Nova ou supernova. L'astronomie chinoise a répertorié 75 « étoiles nouvelles », comètes, novae ou supernovae, entre l'an –532 et l'an 1604. Il s'agit d'objets éphémères, observables sans l'aide d'aucun instrument d'optique. Ces étoiles nouvelles sont classées en trois catégories : les *ko-hsing,* les *po-hsing* et les *hui-hsing.* Les *ko-hsing* sont probablement des novae ou supernovae. Les *po-hsing* sont des comètes dépourvues de queue (ou des comètes vues de face). Les *hui-hsing* sont des comètes standards. Parmi ces 75 évènements, 8 sont antérieurs à l'année 0 : printemps –532, août-septembre –204, juin-juillet –134, octobre-novembre –77, mai-juin –76, mai –48, juin-juillet –47 et... en mars-avril de l'an –5 ! Cette dernière a été visible pendant plus de 70 jours, et sans mouvement apparent dans le ciel : c'est donc une *ko-singh.* Et le printemps, ça colle ! Voilà donc le bon candidat pour l'étoile de Bethléem : l'explosion d'une étoile massive en fin de vie. S'il a existé, Jésus est donc né au printemps de l'an –5 avant lui-même.

Pourtant, j'ai comme le sentiment que la date de Noël ne va pas être changée...

Allez, bonnes fêtes, et à l'année prochaine !

21 décembre 2016

Pour aller plus loin

D. Clark and R. Stephenson, *The Historical Supernovae*, Elsevier, 1977.

24

Black-out, or not black-out ? Pourquoi tant de centrales nucléaires sont à l'arrêt ?

Aujourd'hui, nous sommes l'hier de demain, et demain, on s'attend à un pic de consommation d'électricité. Oh, pas un pic absolu, mais qui va tout de même titiller le record d'appel de puissance de 2012. Cet hiver-là, et précisément le 8 février 2012, la pointe de consommation de 19 h fut de 102 milliards de watts, 102 GW.

Pourquoi cette pointe ? C'est le froid. Comme nous nous chauffons pour une grande part à l'électricité – y compris les chauffages d'appoint, très dépensiers en électricité, qui servent par grand froid à pallier certaines déficiences des moyens de chauffage thermiques classiques (bois, gaz, fioul) – la pointe de consommation de 19 h, quand tout le monde rentre chez soi, est d'autant plus élevée qu'il fait froid. Si la température baisse de un degré, la puissance électrique appelée augmente de l'équivalent de deux centrales nucléaires.

Or, depuis quelques mois, nous avons plus de centrales nucléaires arrêtées que d'habitude. Pourquoi ? Nous allons y venir, mais auparavant un mot pour souligner ce qui est en jeu. Ce n'est pas l'énergie, c'est la puissance, c'est-à-dire le débit d'énergie. L'énergie se mesure en watt-heures et en multiples du watt-heure (énergie délivrée par une puissance de 1 watt fonctionnant pendant une heure) et ses multiples, la puissance en watts et en multiples du watt. Quand il fait froid, tout le monde ouvre son robinet d'électricité au maximum, et il faut bien que le producteur suive, qu'il assure le débit demandé.

Et s'il n'assure pas ?

Eh bien, au pire, c'est l'effondrement du réseau, la panne brutale qui place une partie de la population dans le noir. Réfléchissez à tous les usages et services qui fonctionnement à l'électricité : chez vous, mais aussi la signalisation des rues, les ascenseurs, le métro, les pompes pour l'eau, l'industrie, etc. C'est une catastrophe. Ça peut coûter des milliards. Le plus grand black-out de l'histoire a eu lieu le 31 juillet 2012, quand 670 millions d'Indiens ont été privés de courant. Le 4 novembre 2006, vers 22 h 10, une panne de grande importance prive d'électricité environ 15 millions de personne en Europe. La cause ? La mise hors-service de deux lignes à haute tension, pour laisser le passage à un navire sur le fleuve Ems, en Allemagne. Aux États-Unis, le 26 février 2008, trois millions de personnes sont touchées durant près de quatre heures par une énorme panne électrique en Floride. Au Sénégal, le 9 septembre 2014, a eu lieu la première panne de courant géante, qui a affecté plus de la moitié du pays. Ce « *blackout* » a été causé par une panne de barrage. Et le 28 septembre 2016, c'est dans le sud de l'Australie qu'un black-out a touché plus d'un million de personnes.

Et demain, en France ?

Non, il n'y aura pas de black-out. Le gestionnaire de réseau, RTE, dispose de nombreux dispositifs, allant de recommandations d'économie d'énergie à des délestages programmés, en passant par l'effacement, moyennant compensation, de secteurs industriels gros consommateurs d'électricité.

Mais pourquoi y avait-il, en octobre, un tiers du parc nucléaire à l'arrêt ?

L'histoire est compliquée, en voici les traits essentiels. Ça tient du polar industriel. Un problème de métallurgie, plus précisément la teneur en carbone de l'acier des cuves et des générateurs de vapeur. Ces objets sont des monstres : 20 m de haut, 4 m de diamètre, épaisseur de 15 à 30 cm, forgés en une fois, notamment au Creusot, mais aussi au Japon. Ce sont des pièces cruciales, car elles sont soumises à des chocs thermiques permanents, et ne doivent pas se fissurer. Les propriétés de fissure et de rupture dépendent de la teneur en carbone, qui ne doit pas dépasser certaines normes. Et comme ces énormes pièces, lors de leur fabrication, ne se refroidissent pas partout au même instant, la teneur en carbone n'est pas homogène dans l'épaisseur de l'acier, elle est plus élevée au cœur de la pièce. Mais l'inhomogénéité ne doit pas être trop grande. Vous me suivez ?

Ces normes ont changé en 2005, avec application obligatoire, à partir de 2011, pour toute nouvelle fabrication. L'Autorité de sécurité nucléaire, l'ASN, a donc demandé à AREVA de vérifier la qualité de pièces qui avaient été forgées avant les nouvelles normes. Il a été décidé que douze réacteurs seraient contrôlés, en profitant des périodes d'arrêt normal lors du rechargement en combustible. Ces examens, effectués entre 2012 et 2015, ont révélé des anomalies, des teneurs en carbone supérieures à ce qui était attendu. De plus, une anomalie semblable a été détectée sur le fond de cuve de l'EPR de Flamanville. Ça a été le cas de trop, et en 2015, l'ASN a demandé à AREVA de faire un audit et d'analyser les pratiques passées des Forges du Creusot. Un premier audit a donc été réalisé début 2015, jugé insatisfaisant par l'ASN, qui a exigé à la fois un audit plus complet, et l'arrêt immédiat de 5 réacteurs, sans attendre l'arrêt technique de rechargement : le directeur de l'ASN n'était manifestement pas content.

Et là, surprise, en avril 2016. Parmi les dossiers de fabrication, les enquêteurs ont trouvé deux types d'anomalie : d'une part, des dossiers montrant que des pièces ne satisfaisant pas les normes requises avaient tout de même été livrées, et d'autre part, des dossiers où les résultats des tests avaient été falsifiés pour rentrer dans les normes. Il s'agit de pratiques remontant, au Creusot, à plusieurs dizaines d'années. L'enquête est donc loin d'être terminée, car l'ASN a demandé que plus de 6 000 dossiers soient épluchés en détail. Cela prendra quelques mois.

Entre temps, les analyses mécaniques effectuées sur les générateurs de vapeur et sur la cuve de l'EPR ont montré que les inhomogénéités n'avaient pas de conséquence pour la sûreté, et les réacteurs – sauf un cas qui reste en suspens – ont donc pu redémarrer. Pourquoi ? Parce que les coefficients de sécurité adoptés sont tels que, même si les concentrations en carbone dépassent un peu les normes, aucune fissure ne s'est produite.

Qu'en conclure ? On peut observer que ce qui a fait en un sens la force de l'industrie nucléaire en France, à savoir la standardisation des centrales, qui a permis de construire un parc de 58 réacteurs en une vingtaine d'années, peut se révéler une faiblesse quand un défaut générique apparaît. Il est d'autant plus important de vérifier que cela n'a pas de conséquence pour le bon fonctionnement des centrales, comme ça a été le cas jusqu'aujourd'hui.

Il n'existe pas de procédure sans défaillance. Le mieux que l'on puisse exiger, c'est d'avoir des modes de fonctionnement qui permettent de déceler les défaillances quand il y en a, et de les corriger. D'où l'exigence d'une Autorité de sûreté nucléaire indépendante, ce qui est le cas en France depuis 2006, mais qui n'est pas le cas dans d'autres pays, comme la Russie ou la Chine.

J'arrête. Demain, mettez une petite laine supplémentaire, et on passera le pic à l'aise. À suivre.

18 janvier 2017

Pour aller plus loin

`https://www.asn.fr/`

25
Puzzle mondialisation

Aujourd'hui, je vous propose d'assembler un puzzle. Il y aura de la science, mais pas que.

Première pièce.

Pendant plus d'un an, après le début de la seconde guerre mondiale, les États-Unis adoptèrent une position non interventionniste. Cette guerre-là ne les concernait pas. Une partie importante de l'opinion publique et du personnel politique affichait même une certaine sympathie pour Hitler. N'allait-il pas débarrasser le monde des Soviets, mettre de l'ordre dans une Europe qui ne savait manifestement pas se gouverner ni contenir la progression des partis communistes ? Cela ne valait-il pas de fermer les yeux et le nez sur certains aspects désagréables du régime nazi ? Et puis survint l'attaque contre Pearl Harbor, le 7 décembre 1941. Ce n'était même pas dans un des États de l'Union, Hawaï n'étant à l'époque qu'un territoire annexé qui ne devint un État qu'en 1959. Mais la base militaire était américaine, les militaires étaient américains, le gouverneur de l'île était américain et la loi martiale avait été décrétée. Et les morts furent américains. L'attaque décida de l'entrée en guerre des États-Unis. Et du jour au lendemain, l'opinion publique américaine bascula, et tous les Américains acceptèrent sans réticence que l'on cesse de construire des voitures et des réfrigérateurs, pour construire à la place des chars, des navires et des avions.

Moralité : les opinions publiques peuvent changer de façon extrêmement rapide, mais il faut un choc.

Bon. Deuxième pièce du puzzle.

On entend dire par de fins analystes politiques que l'éclatement de la gauche en Europe, si bien illustrée en France ces jours-ci, que la montée des populismes exprimant en partie le désarroi de couches de la population fragilisées, ne se reconnaissant plus dans les grands partis qui les représentaient traditionnellement, que ces évolutions proviennent de l'incapacité de cette gauche à répondre aux effets de la mondialisation des décennies les plus récentes. Au cours du XXe siècle, et surtout pendant les Trente Glorieuses, l'accès facile à des sources d'énergie abondantes a permis une formidable création de richesses dont tout le monde a profité : non seulement les riches, mais les pauvres aussi, même si cela s'est passé à travers des luttes ouvrières parfois rudes. Mais ces luttes pouvaient déboucher dans le cadre d'États qui avaient la maîtrise du développement économique. À l'internationalisation du capitalisme, pour lequel l'argent n'a pas de patrie, répondait le projet de constitution d'un prolétariat à travers des Internationales ouvrières, première, deuxième, troisième, voire quatrième. La mondialisation que nous connaissons aujourd'hui a changé la donne. La sophistication des mécanismes financiers et la constitution de groupes puissants comme des États affaiblissent les gouvernements tenus de *jouer* leur rôle de détenteur du pouvoir, mais qui ne l'ont plus tout à fait. Il n'est pas si facile que cela de « *haïr la finance* ». Le décuplement des inégalités donne le sentiment d'une corruption généralisée ou d'une appropriation sans vergogne des biens disponibles, en toute légalité apparente, comme si de rien n'était. D'autant que nous n'avons plus les rythmes de croissance du passé. La consommation d'énergie par habitant, en moyenne mondiale, a cessé de croître depuis la fin des Trente Glorieuses.

Bon. Troisième pièce du puzzle, scientifique celle-là.

L'humanité est devenue une force géologique, et c'est pour longtemps. Les scientifiques ont découvert, assez récemment somme toute, que nous modifions, par notre façon de consommer l'énergie, le climat de la Terre. Charbon, pétrole, gaz, 80 % de nos ressources énergétiques. Ce climat, remarquablement constant pendant les 10 000 ans qui ont vu, ou permis, le développement des civilisations humaines, constant même si l'on tient compte de l'Optimum médiéval ou du Petit Âge glaciaire des XVIIe et XVIIIe siècles, voilà que nous le modifions, et le modifions si rapidement que nous risquons de ne pas être capables de nous y adapter – nous, et la biosphère dont nous dépendons. Nous avons augmenté la concentration en gaz carbonique de 40 %, en méthane de 150 %.

Nous sommes résolument engagés sur une trajectoire qui conduit au moins à 3 ou 4 degrés d'augmentation de la température moyenne du globe. L'effet le plus visible, ce sera une augmentation du niveau des mers : un mètre d'ici la fin du siècle, peut être plus. La fonte des glaces du Groenland, c'est 7 mètres de mieux. Oh, cela prendrait quelques siècles, mais tout de même. Voyez sur le site du *Global Sea Level Rise* ce que ça donne, c'est très intéressant. Mais les effets seront aussi différenciés, selon les régions. La Sibérie pourra certes devenir cultivable, mais après que la fonte du permafrost aura provoqué la décomposition de toute la biomasse qu'il contient. Des régions arides peuvent devenir désertiques et donc inhabitables, des régions tempérées devenir arides. Les premiers effets attendus concernent l'eau et l'agriculture, avec des cortèges de déplacés climatiques. Personne ne peut prétendre échapper à des effets locaux mais qui seront rapidement... mondialisés.

Mondialisés ?

Eh oui, et une mondialisation qui pourrait redistribuer les cartes de la mondialisation capitaliste que j'ai évoquée. Le changement climatique redistribuera les cartes politiques, il donne les bases, les fondements d'une redistribution des cartes. Pour le meilleur ou pour le pire.

Le pire ? Trump : nier la science – puisqu'il prétend que le changement climatique est un canular inventé par les Chinois pour nuire à l'industrie américaine et qu'il place à l'éducation des créationnistes. S'opposer à la science à ce point, cela ne s'était pas vu, à l'échelle d'un

État, depuis le stalinisme et Lyssenko, ou le nazisme et la dénonciation de la science juive. Construire des murs, comme le promet Trump, ou comme l'Inde l'a fait à sa frontière avec le Bangladesh, c'est la logique du canot de sauvetage : on est dedans, et on coupe les mains de ceux qui tentent d'y monter. America first, presque America über alles ! L'Australie brûle l'été, la Russie a brûlé, la Californie aussi. Combien faudra-t-il de Pearl Harbor climatiques pour qu'un basculement s'opère ?

Ou le meilleur : refonder la politique à partir d'une vision à long terme, mondialisée, de notre avenir commun de Terriens, qui habitons une Terre aux ressources limitées. La seule chose qui n'ait pas de limite, c'est la connaissance. Deux pistes à suivre conjointement : celle de la réduction des émissions de gaz à effet de serre, et celle de l'adaptation au changement climatique déjà joué, compte tenu de ce que nous avons déjà émis. Mais ceux qui auront le plus besoin de s'adapter sont aujourd'hui les moins en mesure de le faire. D'où l'importance cruciale d'adopter des modes de développement qui permettent de réduire les inégalités, non seulement entre les nations, mais au sein des nations.

Quiconque aborde des élections sans dire comment il se projette dans cet avenir-là – ou sans même aborder la question – celui-là ne mérite aucune attention, ni aucune confiance : il est dans le déni de réalité.

26
Énergie et présidentielles

La question de l'énergie a du mal à s'inviter aux débats de la présidentielle. Plus on se proclame de gauche, plus on adopte fermement le triptyque « *fermer Fessenheim* », « *diminuer la part du nucléaire* », « *augmenter la part des renouvelables* » – l'exception (fluctuante) du parti communiste confirmant la règle. Mais on peut réaliser le souhaitable (augmenter la part des renouvelables) sans s'encombrer de l'inutile (fermer Fessenheim) ni de l'infaisable en l'état (diminuer la part du nucléaire). En arrière-plan, cette constatation d'évidence : *dans la mesure où, en France, la production d'électricité n'émet pas, à 95 %, de gaz à effet de serre, les secteurs prioritaires de la transition énergétique devraient être l'habitat et le transport, qui concentrent les trois quarts de nos usages de pétrole et de gaz.*

Fermer Fessenheim. La France a mis en place une Autorité de sûreté nucléaire (ASN), dont l'indépendance par rapport au pouvoir politique est garantie depuis 2006. Constituée de près de 500 agents, elle appuie ses avis sur les études de l'Institut de radioprotection et de sûreté nucléaire (IRSN), qui comporte 1800 collaborateurs.

L'ASN émet trois types d'avis concernant le fonctionnement d'un réacteur : autorisation de fonctionner en l'état, autorisation moyennant travaux, interdiction de fonctionner. Dans le second cas, EDF, propriétaire du parc, peut décider d'effectuer les travaux demandés, ou les refuser, auquel cas le réacteur doit arrêter sa production. Fessenheim s'est trouvé dans le second cas, et EDF a décidé d'effectuer les travaux demandés, notamment à la suite de l'accident de Fukushima. *Fermer Fessenheim* ne s'appuie donc sur aucun avis défavorable de l'ASN. Reprendre aujourd'hui la « *promesse* » de François Hollande résulte du même marchandage politique avec les Verts.

Réduire la part du nucléaire. La France serait le pays du « tout nucléaire ». C'est faux. Elle achète pour moins de 1 milliard d'euros d'uranium, mais pour 55 milliards d'euros de pétrole et de gaz. En énergie finale – celle payée par le consommateur – les produits pétroliers et le gaz représentent 60 %, l'électricité 25 %. C'est l'électricité qui est assurée majoritairement par le nucléaire (77 %). Viennent ensuite l'hydroélectricité (13 %), les centrales thermiques (5 %), le reste étant fourni par l'éolien (4 %), le photovoltaïque (1 %) et la combustion des déchets. Cette structure du mix électrique français fait qu'à plus de 95 %, il est, dans son fonctionnement, non émetteur de gaz à effet de serre. Un kWh produit avec ce mix émet *7 à 8 fois moins* de CO_2 qu'un kWh produit avec le mix allemand. Pourquoi réduire la part du nucléaire ? Du point de vue du CO_2, on n'y gagne rien. Du point de vue coût, on n'y gagne rien non plus : si le prix du kWh éolien terrestre devient comparable avec celui du nucléaire de nouvelle génération (EPR), l'éolien en mer et le photovoltaïque bénéficient par contrat d'un tarif d'achat par EDF trois à quatre fois supérieur au prix de marché, ce qui représente une subvention non généralisable. L'Allemagne a dépensé plus de 150 milliards d'euros pour installer 90 GW d'éolien et de photovoltaïque, qui lui fournissent moins de 20 % de son électricité, à un prix du kWh double du prix français, avec une diminution des émissions de CO_2 qui n'est que marginale. Est-ce vraiment l'exemple à suivre ? Les avantages du mix électrique français conduisent en réalité à chercher à électrifier le maximum d'usages et de besoin.

Développer les énergies renouvelables. Oui, mais, en France, pas les renouvelables *électriques* qui, comme on vient de le voir, n'améliorent en rien nos émissions de CO_2. De plus, leur intermittence nécessite un traitement particulier. Aujourd'hui, les *fluctuations de la demande* d'électricité qui, sur une journée, sont de l'ordre de 15 % de la puissance moyenne, sont gérées par l'hydroélectricité. Le déploiement massif de sources intermittentes requerrait de gérer des *fluctuations de la production* d'amplitude *quatre à cinq fois plus grandes.* En effet, la puissance photovoltaïque varie entre zéro (la nuit) et un maximum à midi (solaire) proche de la puissance-crête ; la puissance éolienne varie entre quelques % de la puissance installée – lorsqu'il n'y a pas de vent – et 60 à 70 % de celle-ci – par grand vent. En Allemagne, ces fluctuations sont gérées par les centrales au charbon et au lignite. En France, il faudrait développer des centrales fossiles – un comble ! La technologie *power-to-gas-to-power,* où l'on utilise l'excédent d'électricité pour produire du méthane de synthèse, que l'on brûle ensuite pour produire de l'électricité quand il en manque, est évoquée comme un joker par l'association Négawatt. Mais elle a un rendement de l'ordre de 20-25 % au mieux, et il n'en existe pas de prototype industriel aujourd'hui. Le remplacement de la totalité du nucléaire par un mix éolien + photovoltaïque nécessiterait de gérer des fluctuations de puissance de plus de 150 GW, ce qui est totalement hors de portée.

En revanche, les énergies renouvelables *produisant de la chaleur* permettraient de diminuer la part des énergies fossiles : le *solaire thermique* peut fournir de l'eau chaude sanitaire, la *géothermie de surface* peut alimenter des pompes à chaleur pour les bâtiments – pourvu qu'un vaste programme de rénovation thermique soit lancé, en commençant par les bâtiments publics ; et *le bois et les déchets ménagers* peuvent aisément voir leur contribution doublée, pourvu que l'on développe les réseaux de chaleur.

Je conclus. Une politique énergétique visant à réduire la part des énergies fossiles devrait prioritairement chercher à développer les renouvelables produisant de la chaleur, pas de l'électricité. La sobriété et l'efficacité énergétique doivent apporter leur contribution. Mais l'électrification des usages, notamment les transports individuels et collectifs, sera assuré au meilleur coût par le nucléaire. Développer un parc d'un million de voitures électriques nécessite la puissance de 2 réacteurs nucléaires pour la recharge des batteries. Compte tenu de l'augmentation de la population – estimée à plus de 5 millions d'ici 2050 – et des objectifs climatiques de réduction de nos émissions de gaz à effet de serre, nous aurons sans doute besoin de *plus* d'électricité décarbonée, et non de moins, comme l'envisage la Loi de transition énergétique.

Alors, développer les renouvelables-chaleur ? Bien sûr !

Développer le nucléaire ? Évidemment.

15 février 2017

27

Sept d'un coup !

– Sept d'un coup, il en avait attrapé sept d'un coup !

– Qui ça ?

– Le vaillant petit tailleur, pardi ! Sept ! Sept d'un coup ! Et il est devenu roi ! Eh bien eux aussi, ils en ont attrapé sept !

– Qui ?

– Les astronomes de la NASA, ils ont attrapé sept exo-planètes !

– Sept exo-planètes ? D'un coup ?

– Bon, allez, non, pas d'un coup, de deux coups. Du coup, je ne sais pas s'ils vont devenir roi, d'ailleurs.

– Deux coups ? Comment ça, deux coups ?

- Ben oui, en mai 2016, ils en ont attrapé trois, et là, juste là, le 12 février, ils ont annoncé qu'en fait, la troisième, c'en était cinq, et donc deux plus cinq, ça fait sept.

– Mais c'est quoi, attraper une exo-planète ?

– Bon, allez, on reprend tout.

Une exo-planète, c'est une planète qui tourne autour d'une étoile autre que le Soleil. Des étoiles, il y en a quelques centaines de milliards dans une galaxie comme la nôtre. Et comme il n'y a pas de raison de penser que notre système solaire est une exception [1], les astronomes se sont dit qu'il devait y avoir des planètes autour de la plupart des étoiles, sinon de toutes. Mais il manquait les moyens de les détecter. Les étoiles sont visibles parce que leurs températures de surface sont de quelques milliers de degrés, ce qui fait qu'elles rayonnent de la lumière facilement observable avec les instruments d'optique habituels, lunettes et télescopes. Mais les planètes sont des objets froids qui rayonnent dans l'infrarouge, elles étaient invisibles directement. La première exo-planète a été observée en 1995 par une équipe française, à l'Observatoire du Midi. Depuis, plusieurs milliers ont été découvertes, qui orbitent autour d'étoiles observées pas trop loin de nous, disons à moins de 500 années-lumière de nous.

Comment est-on parvenu à les détecter ? Bonne question. Plusieurs méthodes.

Une planète perturbe un tout petit peu le mouvement de l'étoile autour de laquelle elle orbite. En fait, la planète et l'étoile tournent autour de leur centre de gravité commun. Donc l'étoile, observée depuis la Terre, n'a pas un mouvement uniforme, tantôt elle se rapproche un peu de nous, tantôt elle s'éloigne, et ce mouvement est périodique. Il est trop faible pour être observé directement, mais les astronomes sont capables d'analyser les longueurs d'onde de la lumière émise par les éléments chimiques présents à la surface des étoiles, no-

1. Cette conception est parfois appelée le *Principe de médiocrité.*

tamment les plus abondants dans l'univers, hydrogène et hélium. Et comme la lumière est une onde, elle subit ce qu'on appelle l'effet Doppler, effet bien connu pour les ondes sonores émises par une moto qui passe devant nous. Lorsque la moto s'approche, le son est décalé vers les aigus, lorsqu'elle s'éloigne, le son est décalé vers les graves. Pour la lumière, lorsque l'étoile se rapproche de nous, les longueurs d'onde observées sont décalées vers le bleu, lorsqu'elle s'éloigne, vers le rouge. Un effet Doppler périodique observé dans la lumière émise par une étoile signe donc la présence d'une planète dans le voisinage. Grâce aux progrès de l'instrumentation des années 1970 et 1980, on a été capable de mesurer ces effets Doppler, d'où la première découverte en 1995. Il existe aussi une méthode pour confirmer la présence d'une planète. Lorsque celle-ci passe devant l'étoile, elle masque en partie le disque lumineux, et l'on observe depuis la Terre une diminution passagère, mais périodique, de la luminosité de l'étoile, quelques pourcents. Les temps de transit permettent de mesurer la période de rotation de la planète autour de l'étoile, la durée de son année, en quelque sorte.

Résumons les aspects techniques pour les amateurs : il existe pour les étoiles une relation masse-luminosité qui permet de déterminer la masse de l'étoile à partir de la mesure de sa luminosité (il faut aussi connaître sa distance à la Terre). Ensuite, la mesure de la période de rotation d'une planète permet de calculer sa distance à l'étoile, et sa taille est estimée à partir de l'ampleur de l'occultation de la lumière de l'étoile lors d'un transit.

Revenons à nos sept nouvelles exo-planètes.

En mai 2016, une équipe belge travaillant avec un télescope situé à la Silla, au Chili, annonce qu'elle a détecté trois exo-planètes autour d'une étoile de petite taille, une naine rouge dix fois plus petite que notre soleil, située à 40 années-lumière de nous. L'année de la plus proche dure 1,5 jour (en un jour terrestre, elle a fait le tour de l'étoile), celle de la deuxième 2,4 jours. Elles sont donc bien plus proches de leur étoile que Mercure, dont l'année dure 88 jours terrestres, ne l'est du Soleil. Les incertitudes pour la 3e exo-planète étaient trop grandes pour qu'une valeur puisse être donnée. La découverte suscite un tel intérêt dans la communauté que plusieurs observatoires s'y collent : au Maroc, à Hawaï, en Afrique Sud. Mais surtout, le télescope spatial Spitzer, de la NASA, équipé de détecteurs de rayonnement infrarouge, observe l'étoile en continu pendant 500 heures et enregistre de nombreux transits. Et bingo ! Sept transits sont clairement identifiés, les distances des planètes à l'étoile sont mesurées, ainsi que les périodes, allant de 1,5 à environ 20 jours, et même leurs masses, toutes voisines de celle de la Terre. Leurs noms ? Hum... b, c, d, e, f, g, et h (pourquoi ne pas avoir commencé par la lettre a ?). Peut mieux faire, nous sommes d'accord. Par exemple do, ré, mi, fa, sol, la, si, la musique des sphères, quoi !

Un mot sur le télescope Spitzer, du nom de Lyman Spitzer, un des pères de l'astronomie spatiale. Il a été lancé le 25 août 2003. C'est un petit bijou de 85 cm de diamètre, qui enregistre les rayonnements infrarouges entre 3 et 180 microns de longueur d'onde. Pour ne pas être gêné par son propre rayonnement, il est refroidi à près de –272 degrés Celsius au moyen d'un cryostat contenant 360 litres d'hélium liquide, ce qui assure un fonctionnement pendant 5 ans. Pour ne pas être gêné non plus par le rayonnement infrarouge de la Terre, il suit la même orbite qu'elle, mais à des millions de kilomètres de distance.

What next ?

Eh bien, la grande question ! Ces planètes sont rocheuses, c'est leur densité qui le dit. Les conditions physiques permettent-elles la présence d'eau liquide à leur surface ? Pourquoi de l'eau ? Parce que la vie, sur Terre, est apparue d'abord dans l'eau. L'eau est un solvant extraordinaire, et comme elle met à l'abri des rayonnements venant du ciel, une chimie peut s'y développer au calme. Pour répondre à cette question, il faudra affiner les observations des atmosphères de ces planètes – en particulier, les planètes e, f, et g qui se trouvent dans la zone habitable, comme on dit, ni trop chaude, ni trop froide. On pense qu'elles présentent toujours la même face à l'étoile – un peu comme la Lune pour nous – si bien que sur une moitié, il fait toujours jour, et sur l'autre toujours nuit.

En attendant de nouveaux résultats, allez sur le site de la NASA. Tout y est... sauf le vaillant petit tailleur. Mais qu'est-ce qu'ils sont malins, ces astronomes !

1er mars 2017

Pour aller plus loin

Jacob et Wilhelm Grimm, « Le Vaillant petit Tailleur », dans les *Contes de l'Enfance et du Foyer* (en allemand *Kinder- und Hausmärchen*), 1812.

http://www.spitzer.caltech.edu/images/6294-ssc2017-01h-The-TRAPPIST-1-Habitable-Zone

28
Pourquoi la Lune ne tombe-t-elle pas sur la Terre ?

Les sujets d'énervements ne manquent pas ces jours-ci, vous en conviendrez. Non, non, je ne parle pas des péripéties de la campagne présidentielle – encore que – mais du sixième anniversaire de la catastrophe de Fukushima. Tenez, sur France Info, le 11 mars 2017, le sujet était présenté toutes les dix minutes de la façon suivante : « *Des commémorations au Japon aujourd'hui six ans jour pour jour après la catastrophe nucléaire de Fukushima. Des milliers de Japonais ont déposé des fleurs à la mer en hommage aux 18 000 victimes de cette catastrophe.* »

Que conclure ? Que la catastrophe nucléaire a provoqué 18 000 morts, n'est-ce pas ? Une bouffée d'indignation monte à la gorge – en tout cas, à la mienne. Le tsunami a tué 18 000 personnes, il a aussi provoqué des explosions d'hydrogène qui ont soufflé la toiture des réacteurs, ce qui a largué de la radioactivité dans l'environnement, mais il n'y a eu, à ce jour, aucune victime due aux radiations. Si, en fait, une. Dans les premières heures après l'explosion, les ouvriers qui intervenaient sur le site devaient tourner toutes les 20 minutes – en raison justement de l'intensité des rayonnements – mais un ouvrier s'est trouvé coincé dans des débris et n'a pu sortir à temps, il a reçu une dose mortelle. Mais c'est la seule victime due aux rayonnements. Est-ce trop demander que de le dire ? Ne serait-ce que par respect pour les personnes décédées ! Mais non, puisqu'il y a eu un accident nucléaire grave, il faut qu'il ait causé des milliers de morts, et dans un raccourci insensé, le tsunami n'est même plus mentionné. Mais le drame, le vrai drame, il est fait de ces milliers de personnes déplacées, et qui ont perdu leurs repères. Dans quelles conditions pourront-elles revenir ? Ça ne se traite pas en une chronique, vous en conviendrez.

Alors arrivé à ce stade, et compte tenu d'une conversation de bistro hier matin, je vous propose de nous alléger, de prendre de la distance, de lever la tête, et voyant la Lune dans le ciel, de nous demander pourquoi elle ne tombe pas sur la Terre. Question urgente, s'il en est.

Laquelle nous replonge au XVIIe siècle, et à la formulation de ce que l'on appelle le *principe d'inertie.* Les noms de Kepler, Galilée, Descartes et Newton y sont associés. Que dit ce principe ? Une chose littéralement hors du monde, abstraite, invérifiable au sens strict, et pourtant fondatrice de toute la physique moderne. L'inertie d'un objet, c'est sa tendance à conserver son état de mouvement, lequel est défini par sa vitesse instantanée. Cette tendance signifie que, s'il n'est soumis à aucune influence de son environnement, un corps garde sa vitesse, et poursuit par conséquent une trajectoire rectiligne. Exemple : vous êtes dans une voiture qui roule à vitesse constante, tout va bien, vous vaquez à vos occupations normalement. Elle freine brusquement, vous êtes projeté vers l'avant. Projeté ? Mais non ! Avant le freinage, vous alliez à la même vitesse que la voiture. Celle-ci freine, c'est une action sur les roues, pas sur vous, donc vous continuez avec la même vitesse, par inertie. Vous n'êtes donc pas projeté vers l'avant, c'est la voiture qui ralentit et qui, par conséquent, va vers l'arrière par rapport à vous et vous heurte.

Bon. Tout se complique, il faut maintenant dire *qui* bouge par rapport à *quoi*. N'y a-t-il pas de mouvement absolu ? Eh bien oui, il faut dire qui bouge par rapport à quoi, et non, il n'y a pas de mouvement absolu. Galilée dit même que « *le mouvement est comme rien* ». Lisons-le. Comme il ne dispose pas de voiture, il prend un navire. Belle page.

« *Enfermez-vous avec un ami dans la cabine principale à l'intérieur d'un grand bateau et prenez avec vous des mouches, des papillons, et d'autres petits animaux volants. Prenez une grande cuve d'eau avec un poisson dedans, suspendez une bouteille qui se vide goutte à goutte dans un grand récipient en dessous d'elle. Avec le bateau à l'arrêt, observez soigneusement comment les petits animaux volent à des vitesses égales vers tous les côtés de la cabine. Le poisson nage indifféremment dans toutes les directions, les gouttes tombent dans le récipient en dessous, et si vous lancez quelque chose à votre ami, vous n'avez pas besoin de le lancer plus fort dans une direction que dans une autre, les distances étant égales, et si vous sautez à pieds joints, vous fran-*

chissez des distances égales dans toutes les directions. Lorsque vous aurez observé toutes ces choses soigneusement (bien qu'il n'y ait aucun doute que lorsque le bateau est à l'arrêt, les choses doivent se passer ainsi), faites avancer le bateau à l'allure qui vous plaira, pour autant que la vitesse soit uniforme [c'est-à-dire constante] *et ne fluctue pas de part et d'autre. Vous ne verrez pas le moindre changement dans aucun des effets mentionnés et même aucun d'eux ne vous permettra de dire si le bateau est en mouvement ou à l'arrêt.* »

– Mais, en mouvement par rapport à quoi ?

– Par rapport au quai.

- Mais quel est le mouvement du quai ?

– Celui de la Terre.

– Et la Terre va en ligne droite ?

– Non, elle tourne sur elle-même et elle tourne autour du Soleil.

– Alors votre histoire ne tient pas debout ! Dans la voiture, ou dans le bateau, je devrais pouvoir détecter ces mouvements de rotation.

– Bien vu, vous avez raison, en fait, on peut, mais à notre échelle de temps et de distance, l'effet est tout petit. Et c'est pourquoi je vous disais que le principe d'inertie était une abstraction. Par la pensée, on passe à la limite, on annule tous ces effets, même petits, et on obtient l'image d'un pur mouvement inertiel, dont les systèmes réels sont des approximations plus ou moins précises. Et on appelle galiléens les repères – dont on postule l'existence – dans lesquels le principe d'inertie est vrai.

– Mais si j'observe un mouvement non rectiligne uniforme, n'y a-t-il pas deux explications possibles : ou bien je ne suis pas dans un bon repère, ou l'objet est soumis à des forces ?

– Oui, c'est le point aveugle de la mécanique classique, qui n'est résolu que par la théorie de la relativité générale. Mais nous n'entrerons pas dans ce domaine aujourd'hui.

– Et la Lune ?

– Ah, mais elle tombe, bien sûr, en permanence ! Remarquons d'abord que dans la physique grecque, la question n'a pas de sens, car le mouvement circulaire était considéré comme le mouvement naturel des objets célestes, le mouvement sur lequel il n'y a donc pas lieu de s'interroger. Mais avec le principe d'inertie, c'est le mouvement rectiligne qui devient naturel, et le mouvement circulaire doit avoir une explication, il est le produit d'une interaction entre l'objet et son environnement. C'est le commandement de Newton : cherchez les forces qui s'exercent entre les objets !

– Et la Lune ?

– Eh bien, en l'absence de la Terre, elle aurait un mouvement rectiligne, n'est-ce pas ? Donc elle s'éloignerait. Comme sa vitesse est de 1 km/s (comptez qu'elle met 28 jours à parcourir son orbite, un cercle de 380 000 km de rayon autour de la Terre), en une heure elle s'éloignerait de 17 km (faites un petit dessin, où la Lune s'éloigne sur la tangente à sa trajectoire, et calculez la variation de sa distance à la Terre). Or, si on lâche un objet à 380 000 km de la Terre, il tombe, bien sûr, et en une heure il parcourt exactement... 17 km ! [1] Donc le mouvement circulaire de la Lune est la composition d'un mouvement inertiel rectiligne et d'une chute libre vers la Terre. Donc oui, la Lune tombe bien sur la Terre, mais pas comme un objet lâché sans vitesse initiale. Elle tombe comme un objet ayant une vitesse initiale de 1 km/s.

Ouf ! Et maintenant que nous voilà rassurés quant à son maintien à distance, nous pouvons reprendre nos affaires humaines.

15 mars 2017

1. Cette comparaison n'est facilement calculable que dans le cas simplifié où la Lune ne subit que l'influence de la Terre (on ne tient pas compte du Soleil) et où sa trajectoire est assimilée à un cercle.

29
L'azote et l'homme

Voilà un peu plus d'un an que ces chroniques ont commencé. Entre chroniques engagées dans les débats sur l'énergie et le climat, et chroniques contemplatives cherchant à illustrer les monts et merveilles de la création scientifique, je finis par vous faire part de choses assez personnelles. À la longue, cela crée une certaine familiarité, n'est-ce pas ? Creusant le sillon, je vais essayer de vous faire part de ce à quoi j'ai assisté hier après-midi. Ce n'est pas sans danger, car il s'agit d'un sujet dont j'ignore tout. Cela s'est passé dans le cadre des séminaires organisés tous les mois par le Laboratoire interdisciplinaire des énergies de demain, lequel peut donc se désigner également par le très musical acronyme LIED.

Il s'agissait d'agriculture, plus précisément d'azote. L'azote et l'homme, par le détour des plantes et des animaux. Depuis 1850, la population humaine a été multipliée par 7, mais l'étendue des surfaces cultivées n'a été multipliée que par 2. C'est quelque chose que n'imaginait pas Malthus, pour lequel la production agricole ne pouvait que croître proportionnellement à l'étendue des cultures. Cette évolution n'a été possible que grâce à l'utilisation, depuis le début du XXe siècle, des engrais de synthèse. Ils ont conditionné toute l'évolution ultérieure de l'humanité, non seulement sa croissance en nombre, mais la modification des paysages, la possibilité d'une urbanisation qui fait qu'aujourd'hui, la moitié de la population mondiale vit dans les villes, et que ce sera les deux tiers d'ici 2030. L'azote, chers lecteurs, comme sujet social.

Retour en arrière. L'azote constitue environ 78 % de l'air que nous respirons. Son étymologie – *a* privatif, *zot* vie – signale qu'il ne permet pas l'entretien de la vie. C'est Lavoisier qui lui a donné ce nom grec en français, alors que le symbole N qui le désigne chimiquement renvoie à l'ancien nom nitrogène, qui n'est plus utilisé – sinon en anglais, *nitrogen.* L'azote, comme le phosphore et le potassium, est essentiel aux organismes vivants, il entre dans la constitution de leur ADN, y compris celui des plantes, lesquelles se situent à l'origine de la chaine alimentaire. Oui mais voilà, les céréales, qui savent faire des tas de choses, ne savent pas utiliser, métaboliser directement l'azote de l'atmosphère. Elles savent faire de la photosynthèse, qui consiste à fabriquer des sucres à partir du gaz carbonique de l'atmosphère (pourtant en très petite quantité), d'eau pompée dans le sol et de l'apport énergétique du rayonnement solaire. Mais l'azote, elles ne savent pas quoi en faire directement. Il leur faut un apport externe. Traditionnellement, il existait deux sources.

La première, c'était les déjections animales. Elles fertilisent les sols en apportant l'azote nécessaire. Les seigneurs d'antan obligeaient leurs paysans à faire brouter leurs bêtes sur leurs terres, pour récupérer leurs précieuses déjections.

La seconde source, les légumineuses. Ce sont des plantes capables, elles, de fixer l'azote de l'air : fèves, graines de soja, haricots, lentilles, pois, flageolets, petits pois, haricots verts. Certaines bactéries présentes dans le sol s'introduisent dans les racines des légumineuses et là, se mettent au travail chimique de fixer l'azote atmosphérique en synthétisant des acides aminés, tandis que la plante nourrit les bactéries avec les sucres issus de la photosynthèse. En alternant les cultures de céréales et de légumineuses, ou même en les cultivant à proximité, il est donc possible d'alimenter les unes par l'azote fixé par les autres.

L'agriculture sédentaire traditionnelle se devait donc de mêler élevage et agriculture, avec rotation des cultures. L'azote tournait en boucle.

Et puis en 1909, un chimiste allemand du nom de Fritz Haber découvrit comment effectuer la synthèse artificielle de l'ammoniac. On prend de l'azote et de l'hydrogène gazeux, on chauffe à quelques centaines de degrés et on porte à une pression de quelques centaines d'atmosphères en présence d'un catalyseur, et vlan ! on fabrique de l'ammoniac. Comme le diable est dans les détails, il faut s'en occuper. Ce fut l'apport de Karl Bosch, si bien que le procédé est connu sous le nom de Haber-Bosch. Ils reçurent chacun le prix Nobel de chimie, Haber en 1918 et Bosch en 1931. Passons sur le fait que les premières utilisations de l'ammoniac de synthèse furent de fabriquer des explosifs

– c'était la guerre. L'entreprise BASF produisit 36 000 tonnes d'ammoniac en 1917, 160 000 tonnes en 1918. Aujourd'hui, la production mondiale d'engrais azotés, par le procédé Haber-Bosch, s'élève à 100 millions de tonnes par an.

Les engrais de synthèse ont eu des tas d'effets. À commencer par une formidable augmentation des rendements qui ont permis celle de la population mondiale citée au début. La spécialisation, puis l'hyperspécialisation des cultures, qui facilite l'hypermécanisation, puisqu'on peut concevoir des matériels bien adaptés à des cultures homogènes sur de grandes surfaces. D'où la déforestation au profit de la production d'huile de palme. Je vous engage à visionner sur YouTube ce que vous trouvez en cherchant *machines agricoles géantes*. Les engrais de synthèse permettent ainsi la spécialisation géographique de l'élevage et des cultures céréalières, puisqu'on n'utilise plus les déjections animales comme engrais. Il est frappant de constater qu'en France, l'élevage des porcs s'est concentré au cours des dernières décennies en Bretagne et dans une moindre mesure dans le Massif Central, alors que les cultures céréalières se font dans le centre du pays. La recherche de la rentabilité – telle qu'elle est envisagée et calculée – conduit à poursuivre dans ces directions.

Mais il y a des contreparties, dont l'accumulation devient préoccupante. Les problèmes récurrents liés aux déjections animales en Bretagne sont liés à cette rupture du cycle de l'azote. Ce qui permet d'optimiser la production de chaque unité de production est loin de réaliser l'optimum pour le système agricole dans son ensemble.

Dans son ensemble : le mot est lâché. Pour l'entreprise individuelle, en entrée il y a des engrais de synthèse, et en sortie des déchets inutiles qui sont largués dans l'environnement. Quels sont les effets – les externalités, comme disent les économistes – non pris en compte ?

En entrée, ces engrais nécessitent de l'énergie, qui à 80 % est d'origine fossile (pétrole, gaz, charbon). D'où émissions de gaz carbonique. En sortie, émissions de méthane et d'oxyde nitreux, déjections azotées qui ruissellent, corrompent les eaux de surface et conduisent à des proliférations d'algues en bord de mer. À l'échelle mondiale, l'agriculture et l'élevage représentent 25 % du total des émissions de gaz à effet de serre. Mais ces dommages à l'entrée et la sortie ne sont pas pris en compte dans le calcul économique, pour lequel ils sont purement et simplement inexistants.

Et voici comment l'agriculture aussi participe de l'Anthropocène. La Terre n'est pas infinie, nous ne pourrons nous débarrasser des désordres que nous produisons en les envoyant au loin, et c'est en incluant dans nos calculs les effets de taille finie – comme tout simplement inclure le coûts des dommages environnementaux induits par notre développement – que l'on peut espérer corriger nos façons de faire. Ce n'est pas une question de tout ou rien, mais de la prise en compte de contraintes qui déplacent les curseurs.

Le mouvement vegan, pour sa part, envisage une solution extrême : supprimer la consommation de viande et de tout produit animal, et rétablir le cycle de l'azote en basant l'alimentation sur une combinaison de céréales et de légumineuses.

Adieu, veaux, vaches, cochons, poulets, adieu même Perrette et son pot au lait ! Faudra-t-il en arriver là ?

Et qui regardera alors passer les trains ?

29 mars 2017

30

Énergie et inégalités sociales

Regardez autour de vous : la table du petit déjeuner, la nourriture, la cuisine, la voiture et la rue si vous vous rendez au boulot, le livre que vous tenez entre les mains. Partout, vous ne voyez que des matériaux travaillés, transformés : bois, verre, acier, matières plastiques, etc. Ces transformations, rendues possibles par l'accumulation de trois siècles de connaissances scientifiques et de technologies sophistiquées, peuvent faire l'objet d'une double comptabilité : une comptabilité monétaire, et une comptabilité physique en terme d'énergie – puisqu'à toute transformation de la matière correspond un bilan énergétique. La première comptabilité donne naissance au PIB, le produit intérieur brut, la seconde à la consommation d'énergie associée. Le passage d'une comptabilité à l'autre est donc un simple changement d'unité de compte, il n'est donc pas étonnant de constater une corrélation étroite entre les deux quantités. Sur 50 ans d'activités économiques, le « contenu énergétique du PIB » mondial a été à peu près constant. En gros, avec 1 kWh on génère 1 dollar de PIB. Certaines sociétés font mieux, d'autres moins bien, mais l'ordre de grandeur est là.

Aujourd'hui, les 7,5 milliards d'individus qui constituent la population humaine consomment chaque année 13 Gtep (milliards de tonne-équivalent pétrole [1]). Par habitant, ça fait en moyenne 1,7 tep/habitant/an.

Question : quelle sera la demande d'énergie en 2050 ?

La réponse dépend évidemment de ce que sera la population mondiale. Le site de l'Institut national d'études démographiques (INED) permet de répondre : nous serons environ 9,7 milliards en 2050 [2]. Mais la réponse dépend aussi du niveau de consommation par habitant. Examinons deux cas : dans le premier, la consommation par habitant reste la même qu'aujourd'hui. Alors la demande totale d'énergie sera dans le rapport de 9,7 à 7,5, ce qui donne presque 17 Gtep/an au lieu de 13 aujourd'hui. Mais les pays émergents vont émerger, les pauvres vont devenir moins pauvres. Imaginons, comme cas extrême qui ne se produira pas, que la population mondiale parvienne au niveau des pays riches d'aujourd'hui. Alors la demande serait de 50 Gtep/an, au lieu de 13 ! Quatre fois plus. En fait, si on analyse plus finement la structuration de cette population – combien d'habitants dans les villes, combien dans les campagnes, combien de riches, combien de pauvres, combien de population intermédiaire – on aboutit à une demande de l'ordre de 20 à 25 Gtep/an. Résumons : 13 Gtep/an aujourd'hui, 20-25Gtep/an en 2050.

1. Un tep équivaut à environ 12 000 kWh.

2. Voir plus haut les chroniques « Combien serons-nous en 2050 ? ».

Comment fournir cela, tout en réduisant l'utilisation des combustibles fossiles ? Y a-t-il assez de ressources non carbonées pour satisfaire cette demande ? Ce n'est pas un détail, car sinon, nous allons brûler tout ce qu'il y a à brûler, charbon, pétrole et gaz, et alors le changement climatique va atteindre des proportions catastrophiques.

Je vous passe l'analyse détaillée de toutes les ressources non carbonées renouvelables : renouvelables électriques comme l'hydroélectricité, les énergies marines, l'éolien et le photovoltaïque, renouvelables chaleur comme le solaire, la biomasse et la géothermie. Le total, en poussant tous les curseurs au maximum de ce que l'on sait faire, n'arrive pas à 10, c'est-à-dire à la moitié de ce qui sera nécessaire.

Alors, échec et mat ? En serons-nous réduits à griller ?

Deux pistes, en fait, à mener conjointement : d'une part, on ne pourra pas se passer du nucléaire, qui est une forme décarbonée d'énergie. D'autre part, il faudra réduire les inégalités de consommation.

Examinons la question des inégalités. Aujourd'hui, en moyenne, les populations les plus riches consomment neuf fois plus d'énergie que les plus pauvres. Pour contenir la consommation totale dans des limites atteignables, il est possible que les riches réduisent leur consommation en développant des technologies utilisant mieux l'énergie disponible, et en étant plus sobre. Exemple : on peut diviser par trois la consommation d'énergie associée au chauffage des bâtiments en faisant des rénovations thermiques à grande échelle. On peut réduire la consommation de pétrole associée au transport en utilisant des véhicules consommant moins, en utilisant des véhicules électriques, des transports en commun et en réduisant le besoin de mobilité. On peut aussi réduire la surconsommation, développer le recyclage, remplacer quand c'est possible une économie de possession par une économie de services. Les pistes sont nombreuses. En réduisant la consommation d'énergie des populations les plus riches, les économies émergentes et pauvres pourront consommer plus sans que la consommation d'énergie globale n'explose. C'est ce que je vous disais : moins chez les plus riches, plus chez les moins riches, donc réduction des inégalités.

Mais voici une autre bonne raison, inattendue dans ce contexte, de réduire les inégalités.

Richard Wilkinson, un épidémiologue anglais, a publié un petit livre magnifique intitulé en français : *L'inégalité nuit gravement à la santé.* Je vous le conseille vivement (5 € chez l'éditeur Cassini). Wilkinson s'intéresse aux inégalités sociales et à leurs effets sur la santé. A priori, on pourrait penser que plus une société est riche, et plus les gens sont en bonne santé. Eh bien, à partir d'un certain niveau, ça ne marche plus comme ça. Les Grecs, par exemple, dont le revenu moyen est inférieur à la moitié de celui des Américains, sont globalement en meilleure santé. Pourquoi ? Parce que l'état de santé dépend peu du revenu moyen au sein d'une société, mais beaucoup de l'amplitude des inégalités en son sein. La santé aux États-Unis est moins bonne qu'en Grèce parce que les inégalités y sont plus grandes. Et si l'on examine ce qui se passe en interne aux États-Unis, où les revenus moyens varient d'un État à l'autre, on ne constate aucun rapport entre la mortalité et le niveau de revenu ; en revanche, État par État, la santé est d'autant meilleure que l'écart des revenus est faible. L'explication, selon Wilkinson, est que la santé est moins fonction du revenu absolu que du revenu relatif et surtout du statut social qui y est associé. Ce sont les pays développés les plus égalitaires, et non pas les plus riches, qui ont l'espérance de vie la plus longue.

Comment la biologie explique-t-elle cette influence des mécanismes psychosociaux sur la santé ? C'est la biologie du stress qui est en jeu. Le stress, c'est la réaction face à une urgence vitale, un danger de mort. Une réaction qui modifie toutes les ressources de l'organisme, en vue soit du combat soit de la fuite, et qui, dans ce but, bouleverse le métabolisme et met en sommeil les fonctions d'entretien (réparation des tissus, défenses immunitaires). Le stress, stratégie mise en place par l'évolution, s'avère préjudiciable à l'organisme s'il se prolonge et se transforme en anxiété chronique. Or précisément, comme le montrent les enquêtes sanitaires et les expériences menées sur des groupes de singes, l'infériorité sociale est aussi, et en permanence, génératrice d'anxiété. Et l'évolution récente – disons, depuis 50 ans – des sociétés a partout accru les disparités sociales. Certaines pratiques de gestion du personnel des entreprises visent à générer délibérément du stress pour obtenir plus de leurs employés – jusqu'à les conduire parfois au suicide. Je vous laisse découvrir dans le livre de Wilkinson les mécanismes biologiques détaillés associés à des situations de stress prolongé.

Résumons. Du point de vue des ressources énergétiques mondiales, aussi bien que du point de vue de la qualité de vie, l'objectif de réduire les inégalités devrait être à l'ordre du jour.

Au fait, qui en parle dans le débat des présidentielles ?

26 avril 2017

31

Emmanuel Macron et la vérité

Vous avez sans doute remarqué qu'un nouveau président de la République a été élu dimanche dernier. Mais deux jours auparavant, vendredi dernier, il avait accepté l'invitation de Mediapart de se soumettre pendant plus de trois heures au crible des questions des journalistes. J'en ai suivi une partie en ligne, et brusquement, au détour d'un bout de conversation avec Jade Lindgaard, Mathieu Magnaudex et Edwy Plenel, le sujet de la chronique de ce matin s'est imposé.

Voici de quoi il s'agit.

Après avoir été interrogé sur l'avenir du nucléaire français – question : pourquoi ne pas afficher un objectif de 100 % renouvelable pour l'électricité ? – et sur celui des moteurs diesel – question : allez-vous les supprimer ?–, Emmanuel Macron est interrogé sur ce qu'il compte faire, s'il est élu, pour se soustraire à l'influence des lobbies concernant l'interdiction de l'usage de certains produits chimiques désignés sous le nom peu engageant de « perturbateurs endocriniens ».

Un perturbateur endocrinien est un agent chimique

capable d'interférer avec le système hormonal. Les hormones sont des molécules secrétées par des glandes *endocrines* pour réguler le comportement de certains organes. Elles régulent la croissance et la puberté, la température du corps, le métabolisme des graisses, la faim et la satiété, le sommeil, la libido, le niveau d'insuline, le rythme cardiaque, etc. Tout est dans le « etc. » ! Car un perturbateur endocrinien est capable de leurrer, en quelque sorte, les récepteurs hormonaux des organes et perturber – comme son nom l'indique – le fonctionnement normal de l'organe ou du tissu. Je sens bien que si vous avez une petite tendance à l'hypocondrie, vous vous sentez déjà mal, et le début de ce chef-d'œuvre de la littérature qu'est *Trois hommes dans un bateau* vous revient en mémoire. Car ces perturbateurs se trouvent partout : matières plastiques diverses, engrais, produits imperméabilisants, etc. Encore ce « etc. » auquel la peur peut s'accrocher : est-ce que n'importe quel type de produit chimique ne serait pas susceptible d'être un perturbateur endocrinien ? ! L'industrie en fabrique et en utilise, et leur interdiction éventuelle ne l'arrange pas. D'où lobbying : *mais non, ce n'est pas prouvé, il faut continuer à faire des recherches, on n'est pas sûr.* Et possibilité de conflits d'intérêt chez des scientifiques dont les recherches sont parfois financées par ces industries. Comment savoir ce qu'il en est, et à la fois démonter les peurs non fondées et se préserver du lobbying ?

Emmanuel Macron, après avoir tenté quelques réponses détaillées sur ces divers problèmes, nucléaire, diesel et perturbateurs endocriniens, généralise soudain et parle de « reconstruire le rapport à la vérité ». *Comment ?* Oui, le rapport à la vérité. Et il en appelle au *Conseil stratégique pour la recherche, le transfert et l'innovation,* qui devrait dorénavant être rattaché à la présidence, de façon à donner plus d'importance à la communauté académique dont la voix est aujourd'hui inaudible et qui n'éclaire plus le débat public. Il conviendra, dit-il, d'organiser des séances de travail en profondeur, afin de contribuer à éclairer les choix en matière de santé et d'environnement, et leur mise en œuvre.

Le *Conseil stratégique pour la recherche, le transfert et l'innovation* a été créé en décembre 2013 par Geneviève Fioraso. Il est composé de 26 membres scientifiques et experts français et internationaux de diverses disciplines, deux parlementaires et un représentant de l'Association des régions de France. Il a pour mission de « *définir un nombre limité de grandes priorités scientifiques et technologiques pour replacer notre pays au premier rang des nations innovantes* ». Emmanuel Macron, si je comprends bien, propose d'étendre ses attributions pour éclairer les choix technologiques, ce qui correspond un peu à la mission de cette autre instance, l'*Office parlementaire d'évaluation des choix scientifiques et techniques,* l'OPECST, présidé aujourd'hui par le député socialiste (et ex-biochimiste) Jean-Yves Le Déaut. Si vous ne l'avez jamais fait, suivez en podcast les auditions organisées par l'OPECST, c'est souvent passionnant – d'autant plus, à vrai dire, qu'on n'en entend jamais parler, et qu'on est donc surpris par la qualité de ce qu'on y trouve.

Revenons à l'interview d'Emmanuel Macron sur Mediapart. Reconstruire le rapport à la vérité : mais, participer à cette reconstruction, c'est exactement le but de ces chroniques !

L'universitaire à la retraite [1] que je suis se repasse l'extrait une fois, deux fois, et se demande s'il y a une chance que quelque chose de semblable se mette en place, au-delà des intentions. Car il est vrai que la parole académique, dans toutes ces questions de société où la science est impliquée, cette parole académique est peu présente – je veux dire, on ne la sollicite pas beaucoup, pire, elle est largement dépréciée. Pouvez-vous nommer un seul membre de l'Académie des technologies ? On entend à la radio, on voit à la télévision plus volontiers un membre d'une association ayant un but militant plutôt qu'un scientifique qui cherche à comprendre dans son laboratoire un bout de nature compliqué, ou un ingénieur qui sait comment fonctionne un réseau électrique. On voit plus volontiers José Bové qu'un chercheur de l'Institut national de la recherche agronomique.

Evidemment, la situation politique qui vient de s'ouvrir est tellement inédite, tellement nouvelle, qu'il est difficile de prévoir ce qui va se passer.

Mais je vous propose un petit raisonnement qui rend crédible l'idée qu'il soit utile, pour la nouvelle équipe, de faire appel à la parole académique sur les sujets à composante scientifique forte.

Supposons qu'Emmanuel Macron ne parvienne pas,

1. Mais toujours actif.

lors des élections législatives, à obtenir une majorité parlementaire avec son seul mouvement, la République en Marche. C'est possible, n'est-ce pas ? Pour faire passer une politique, il faudra donc au nouveau président et à son équipe constituer des majorités au coup par coup, dossier par dossier, ces majorités pouvant changer d'un dossier à un autre. Mais comment éviter que s'installe immédiatement des marchandages du type : je te soutiens sur tel dossier, mais tu renonces à tel autre ?

Eh bien, justement, en rétablissant, en reconstruisant le rapport à la vérité à travers la mobilisation de la parole académique. Non pour instituer une « République des savants », mais, simplement, pour éclairer les débats. Pour que dans ces débats, apparaisse fortement la différence entre une *opinion* et un *énoncé scientifique.*

La science ne fournit pas de certitude. Elle est incertaine, mais c'est une *incertitude fiable* [2].

10 mai 2017

2. L'expression est de Claude Henry.

Cet ouvrage a été achevé d'imprimer en juillet 2017
dans les ateliers de Normandie Roto Impression s.a.s.
61250 Lonrai (Orne)
N° d'impression : 1703187

Dépôt légal : août 2017

Imprimé en France